重大建筑工程施工技术与管理丛书

大型全机气候环境实验室关键建造技术

Crucial Construction Techniques on Large Full-scale Aircraft Climatic Environment Laboratory

刘东　杨水利　主　编

李蒙　蔡俊　刘凯　李娜　副主编

中国建筑工业出版社

图书在版编目（CIP）数据

大型全机气候环境实验室关键建造技术=Crucial Construction Techniques on Large Full-scale Aircraft Climatic Environment Laboratory/刘东，杨水利主编；李蒙等副主编．—北京：中国建筑工业出版社，2023.7
（重大建筑工程施工技术与管理丛书）
ISBN 978-7-112-29072-7

Ⅰ．①大… Ⅱ．①刘… ②杨… ③李… Ⅲ．①航空环境—气候环境—环境实验室—建筑施工—研究 Ⅳ．①TU248.6

中国国家版本馆CIP数据核字（2023）第160330号

责任编辑：朱晓瑜　张智芊
文字编辑：李闻智
责任校对：党蕾
校对整理：董楠

重大建筑工程施工技术与管理丛书
大型全机气候环境实验室关键建造技术
Crucial Construction Techniques on Large Full-scale
Aircraft Climatic Environment Laboratory
刘东　杨水利　主　编
李蒙　蔡俊　刘凯　李娜　副主编
*
中国建筑工业出版社出版、发行（北京海淀三里河路9号）
各地新华书店、建筑书店经销
北京建筑工业印刷有限公司制版
建工社（河北）印刷有限公司印刷
*
开本：787毫米×1092毫米　1/16　印张：10¼　字数：218千字
2023年9月第一版　2023年9月第一次印刷
定价：**85.00**元
ISBN 978-7-112-29072-7
（41628）

本书编委会

主　编: 刘　东　杨水利

副主编: 李　蒙　蔡　俊　刘　凯　李　娜

编　委: 刘　东　杨水利　李　蒙　蔡　俊　刘　凯　李　娜　毛青峰　郭胜贤　王　博　吕　鹤

其他编写人员（按姓氏笔画排序）:

于景满　万　涛　马文勇　王　博　王　锋　王佳佳　丑阿康　仝彭斌　刘　佳　刘　辉　刘云鹏　刘金山　关庆一　孙海刚　孙瑞祥　李　洋　李　恒　李　涛　李乾坤　连赵杨　吴新平　张　东　张　宏　张存阳　陈　杨　陈　蕾　范永辉　贺红伟　贾志武　高　强　郭小龙　黄小恒　曹岩松　董　剑　谢小娥　解西平

序言

航空工业是国家的战略性产业，是国家综合国力的重要组成部分，其科学技术水平是国家科技水平的重要标志之一，对工业现代化有着巨大的辐射和拉动作用，建设航空强国是新时代党和国家赋予航空工业的神圣使命。而室内全机气候环境试验一直是我国航空工业发展的一大空白，在某种程度上制约了国家对新研制飞机、装备等的气候环境适应性的验证时效。国外虽早有诸如麦金利气候实验室等类似功能的先进实验室，但对我国一直有着严苛的技术封锁，要想打破这种封锁必须也只能依靠自身力量，从零开始，实现从无到有。为此，经过八年探索论证，七年设计施工，在建设、设计、监理、高校及科研单位的协同创新和集智攻关下，由陕西建工集团股份有限公司作为施工总承包单位，将项目蓝图转化为工程实体，攻克了一系列重大难题，最终成功打破了国外全机气候试验垄断的地位，15年终磨一剑，理想终成现实。

大型全机气候环境实验室是世界第三座、国内首座全机气候实验室，是目前全世界范围内规模最大、系统组成最复杂、模拟环境因素最多的大型综合气候环境实验室，综合试验能力超越美国麦金利气候实验室，能精准复现严寒高温、风霜雨雪等各种气候，让飞机足不出户就能完成各种极端环境下的气候环境适应性试验，实现全疆域布防、全天候作战要求。它的建成开创了国内先河，填补了我国大型综合气候环境实验室建设和气候环境试验专业的双重空白，真正意义上实现了“呼风唤雨、冷暖随行”，全面满足我国大型武器装备气候环境适应性体系化验证需求，使我国正式跻身世界大型综合气候环境试验领域先进行列。

本书以大型全机气候环境实验室的建设为实践依托，极大删减了工程建设的常规施工工艺，着眼工程建设全过程，从气候环境实验室概述和大型全机气候环境实验室工程建设介绍引入，深入挖掘了工程建设过程中的“高、精、尖”施工技术，总结提炼了大型全机气候环境实验室工程特有的难点、亮点，特别是在 -55～74℃使用工况下的大跨度网架结构智能控制整体同步提升施工技术、极端环境下冻融循环过程地面混凝土抗冻耐久性研究、特殊工况混凝土地面系统施工技术、高大空间

“房中房”保温密封施工技术和巨型保温密封大门施工技术等关键建造技术。部分展现了大型全机气候环境实验室建设过程中产、学、研结合推进的生动画面，能让读者深入了解目前世界体量最大、我国首座全机气候实验室建设的重大意义和深远影响。

该书的出版在现实层面必将为我国航空工业的发展、类似工程的建设和建筑施工技术的进步提供极其宝贵且独一无二的经验和资料，同时激励各行各业的人勇于创新，善于创新，不断突破自我，不断攻关“卡脖子”技术，填补专业领域空白。

全国政协委员

陕西建工控股集团有限公司党委书记、董事长

前言

第二次世界大战期间，飞机、坦克及大型舰船等武器装备在世界范围内投入战斗，但恶劣的气候环境造成武器装备严重损坏，是影响战争胜负的重要因素。战后西方国家对武器装备提出环境适应性要求。而大型全机气候环境实验室是一套大型的人工复合气候环境综合模拟设施，可实现对温度、湿度、淋雨、降雪、冻雨、太阳辐射、降雾和吹风等典型自然环境或极端气候的模拟，满足飞机在整机平台上验证气候环境适应性，保证其在复杂气候条件下的飞行安全。美国于 1947 年在佛罗里达州埃格林空军基地 (Eglin Air Force Base, Florida) 建立了目前世界上最大的飞机气候实验室——麦金利气候实验室 (McKinley Climatic Laboratory)，其可以对全机进行气候试验，验证飞机的环境适应性设计。相比西方国家，我国在这方面仍是一片空白，没有建设经验可以借鉴。截至目前，我国对飞机进行的所有极端天气测试，都只能在野外自然环境下进行，不仅受季节、地区和时间限制，且成本极高。ARJ21 支线客机适航取证前后用了六年时间，一个重要因素就是等待天气。因此，建造一座属于中国自己的全机气候环境实验室已经成为我国建设现代化强国的必由之路。

2015 年 5 月，由陕西建工集团股份有限公司作为施工总承包单位的世界体量最大的气候实验室正式开工。一方面，为了满足全尺寸飞机及导弹实验要求，大型全机气候环境实验室采用大跨度空间网架结构，工程总建筑面积 21295m^2，建筑高度 36.45m。因此，大跨度网架结构拼装提升技术成为施工难点。另一方面，作为气候环境实验室，实验室环境控制系统及保温密封技术成为大型全机气候环境实验室工程研究重点。陕西建工集团股份有限公司作为施工总承包单位，与建设单位、设计单位、监理单位、高校及科研单位密切配合，攻坚克难，自主创新。针对大温差条件下高承载复合地面施工、气密性要求极高的实验室舱结构、保温性要求极高的大门加工安装等关键核心技术，坚持绿色低碳施工理念，创新性地提出了技术经济和施工方案。2016 年 10 月，大型全机气候环境实验室工程实现主体结构全面封顶，由建筑工程转战设备系统安装；2017 年 12 月，完成实验室子系统单机调试，具备实验室联合调试状态；2018 年 11 月 30 日，完成气候环境实验室全部极端高温和极限低温联合调试，实验室主要技术指标达到了设计要求，标志着我国首座气候环境实验室具备了试验能力和承担型号任务的条件。

2019 年 6 月 11 日，某民用全状态飞机成功抵达大型全机气候环境实验室并开展后续的气候环境适应性试验，该试验的开展标志着我国首次进行全状态飞机室内气候环境试验，填补了我国室内整机气候环境试验领域的空白，同时也使我国真正跻身世界大型实验室综合气候环境试验领域先进行列，为我国未来飞机研制提供了有力支撑。

一路走来，陕建人始终秉承着“敬业守信、勇担责任、建造精品、追求卓越”的理念，不断发扬工匠精神，用自己的智慧与热情圆满完成了对建设单位的承诺，为诸多国之重器的进一步研究和使用奠定了良好的基础，为我国航空航天事业的发展贡献了陕建力量。

目录

第1章

气候环境实验室概述

1.1 研究背景及意义

第二次世界大战期间，全球大规模机械化战争给各国武器装备的研制带来了新的挑战和思考，交战各国尤其是西方各国逐渐意识到气候环境对飞机、坦克、装甲车、摩托车等武器装备可靠性产生影响，并开始探索研究气候环境的途径。

随着世界各国全机气候试验的开展，尤其西方航空发达国家早已将全机气候试验纳入了飞机的设计与验证体系，建立了相应的设计规范与验证标准，规定了飞机气候试验是飞机在进行复杂气象条件试飞之前必须要进行的一项地面验证试验。但是就这方面而言，我们仍旧与国外存在着巨大的差距。一方面，我国飞机设计沿用了苏联的体系，且以仿制为主，验证体系不完善问题突出。近年来，国内虽然加大了自主研制力度，但是这些飞机因气候环境导致的故障也频频发生。例如低温时液压系统渗漏、起落架系统故障；因飞机结构漏雨或排水设计不当造成机体结构积水而产生严重腐蚀损伤、电子设备工作失灵；遭遇冻云积冰引发严重事故等。另一方面，我国航空工业部门建造用于元件、子系统的气候试验箱或实验室，然而子系统在单独进行气候试验时由于相互之间的交界面和作用没有被考核评估，不能充分确定飞机的使用能力，所以子系统单独进行的气候环境试验并不能代替全机气候试验，其试验数据仅作为全机气候试验的补充。因此，为了确保飞机在极端气候环境下的安全性、稳定性、可靠性和舒适性，进行整机气候试验必不可少。

全机气候试验在国外已进行了70余年，但对我国来说仍旧是一片空白，目前我国飞机研制处于从仿制到自主研制的发展阶段，必须逐渐形成自主设计与验证体系。我国用于飞机气候环境试验的实验室规模较小，还没有可以进行全机气候试验的基础设施，并且可模拟的气候环境因素少，缺乏用于飞机气候试验的成熟技术和标准。迄今为止，我国对飞机整机进行的所有极端天气测试，都只能在野外自然环境下进行，不仅受季节、地区和时间限制，且成本极高。与此同时，我国幅员辽阔，几乎涵盖了全球所有的气候条件，加之目前特殊的国际环境，我国的军用飞机不可能到国外进行气候试验。为了有效测试飞机在复杂气候条件下的运行性能，保证飞行安全，打破国外全机气候试验垄断地位，填补我国全机气候实验室研究的空白，必须建造起一座属于中国自己的全机气候实验室，为我国航空航天业的科技创新发展贡献力量！

1.2 国内外工程研究现状

1.2.1 国外工程研究现状

美国是最先开始对全机气候环境实验室的建设进行研究的国家。1943年9月，美国率先对低温试验项目进行立项，政府拨款 550 万美元，并将此任务交给军械研制和试验中心。通过拉塞尔和麦金利两人的努力，1944 年 5 月，位于美国南部佛罗里达州埃格林空军基地的麦金利气候实验室建造完工。实验主环境室有效尺寸为宽 76.2m，深 61m，中间高度 22.8m，附加一个 18.3m×26.0m 的小环境室用于容纳超大型飞机（如 C-5 飞机）的尾部（图 1-1）。

图 1-1 美国麦金利气候实验室

（图片来自 https://www.eglin.af.mil/）

主实验室拥有超强的制冷和制热能力，可实现实验室温度 -55～74℃和湿度 10%～95%（2～74℃），被誉为当时世界上体积最大、功率最强的“空调”。在制冷方面，主实验室的温度由三台大型制冷机控制，每台各有高、低两级离心式压气机，分别由 1250hp 和 1000hp 电动机带动，总制冷能力为 12000t。依靠这种制冷能力，可在 24h 内将主实验室的温度从外界温度降至 -54℃。当需要加热时，调控室则通过两台锅炉提升温度，每台锅炉每小时能产生 25000 磅（约 11340kg）蒸汽，主实验室从外界温度上升至 74℃，最长加热时间约为 8h。麦金利气候实验室可以进行低温、高温、相对湿度、太阳辐射、结冰冻雨、冻云、旋风、结冰、淋雨、吹风、降雪、降雾等全机气候试验项目。1947 年 5 月，美国空军所属的 B-29、P51、P38 等飞机和 P5D 直升机，相继在麦金利气候实验室进行测试（图 1-2），并取得了显著成效。从此，为确保飞机能够适应全球的多种气候环境，比如澳大利亚内陆的极热气候、北极圈国家加拿大和挪威的极寒气候等各种恶劣天气状况，美国研制的所有飞机，包括民航客机，都在麦金利气候实验室进行气候环境适应性测试。

在美国麦金利气候实验室建成后，英国、瑞典、韩国等一些国家也陆续建设起了属于自己的气候环境实验室。英国飞机气候实验室位于博纳科姆镇，由低温实验室和高温实验室组成，可对飞机进行高低温、湿热、沙漠等极端气候条件测试。瑞典的飞机气候实验室位于基律纳，是世界上仅有的位于北极圈内的气候实验室，该实验室是美国波音公司、美国航空航天局（NASA）、欧洲空中客车公司、欧洲航空安全局（EASA）的极寒气候定点测试场所。该实验室的温度可在 -50～45℃之间调节，试验对象包括各类民航客机、运输机、战斗机和直升机等，美国的 ER-2、F-15、C-130、波音 737、M-55 以及欧洲的 A400M 等飞机都曾经在此进行极寒气候测试。法国、德国、日本等国家也相继建立了军民两用的气候实验室。2008 年，韩国在 Seosan 第五试验与评估中心建立了飞机气候实验室，能够模拟高温、低温、降雨、冻雨等气候环境，主要用于韩国 KF-X 隐身战斗机、武装直升机、中高空无人机等武器系统测试。

（a）降雾试验

（b）盐霜试验

（c）太阳辐照试验

（d）降雪试验

图 1-2　麦金利气候实验室极端气候环境模拟

（图片来自 https://www.eglin.af.mil/）

总体而言，西方国家对于全机气候环境实验室的研究相对较多，实验室建造技术设计施工也相对成熟。而我国在这方面的研究相对较少，没有建设经验可以借鉴。为了填补大型设备气候环境实验室研究的空白，我国也相继开展了相关课题研究及工程建设应用。

1.2.2　国内工程研究现状

我国作为世界上最大的发展中国家，十分重视军用装备和民用产品的气候环境适应性设计和验证。近年来，北京某技术研究所、中航某研究所及高校等科研院所对大型装备气候环境实验室的环境温度控制系统、保温密封及大跨结构设计施工技术展开了大量研究。

中国飞机强度研究所和南京理工大学针对实验室空间大、干扰因素多、设备组成繁杂带来控制精度难以达到要求，以及降雪、太阳辐射等因素引发的环境温度突变的问题，设计了基于前馈—串级 PID 双回路控制算法和温度控制策略，建立了大型气候实验室温度控制流程，确保了试验全过程升降温速率可控、升降温曲线平滑，且控制精度满足要求。中国飞机强度研究所和重庆大学、湘潭大学研究了网架结构的一般施工方法的优缺点及适用范围，提出实验室更适合整体提升施工方式，并从构件的制作、网架的地面拼装到液压技术原理和同步计算机控制技术等方面进行了施工方案设计。

1.3　主要研究内容

气候环境适应性是飞机的一项重要的品质特性，飞机气候试验是验证飞机气候环境适应性的有效手段，飞机气候实验室是开展飞机气候适应性试验的有力工具。气候环境实验室系统组成复杂、技术难度高，国内没有建设经验可以借鉴，属于一个创新型的建设项目。大型全机气候环境实验室工程坚持工业化、智能化、绿色化的建设理念，多维度开展集智攻关，实行建设工序全流程管控，开展建设预先研究，探索新工艺和新技术，主要针对大跨度网架结构整体提升施工技术及极端气候环境要求的结构温湿度控制、保温密封等关键技术展开研究。主要研究内容包括以下几个方面：

1. 大跨度网架结构智能控制整体同步提升施工技术

主要对大跨度网架结构应力应变进行有限元分析，为设计施工提供理论基础；对大跨度网架结构拼装及整体提升过程进行智能化模拟，主要从构件的制作、网架结构的地面拼装、关键节点焊接到液压技术原理和同步计算机控制技术进行了施工方案设计验证。

2. 超高低温、高精度地坪系统施工技术

通过气冻气融、水冻水融等针对性试验，系统深入地研究了混凝土材料在经历极端恶劣高低温冻融循环作用后的耐久性劣化规律，提出增强混凝土抗冻耐久性能的方法及技术措施；针对实验室地坪的特殊使用环境，研究出泡沫玻璃保温层、气密性组分材料和防潮隔汽层等施工技术来确保地坪能耗稳定性控制；为有效消除地坪混凝土的冻胀应力，提出并应用了镀锌板材集成式分仓缝、传力钢板施工、混凝土连续浇筑施工、胀模控制等技术；实验室地坪系统中创新性地使用了高性能硅酮耐候密封胶作为分仓缝的填充材料和良

好的分仓缝防水密封施工措施，其带来的高性能粘结力和隔水抗冻胀作用有效增强了地坪系统的防水性能；最后针对地坪上层钢筋混凝土复杂构造的施工技术做了进一步研究，地坪系统整体使用性能稳定优良。

3. 高大空间“房中房”保温密封施工技术

经研究提出变轨运行、单轨排布的门体布局设计以及双重充气密封结构设计，以解决实验室超大型门体结构的保温与密封问题；对冷库库体、保温墙板、机库大门、电气系统等关键部位进行保温密封施工技术研究，并成功应用于实验室建设，保温密封效果显著。

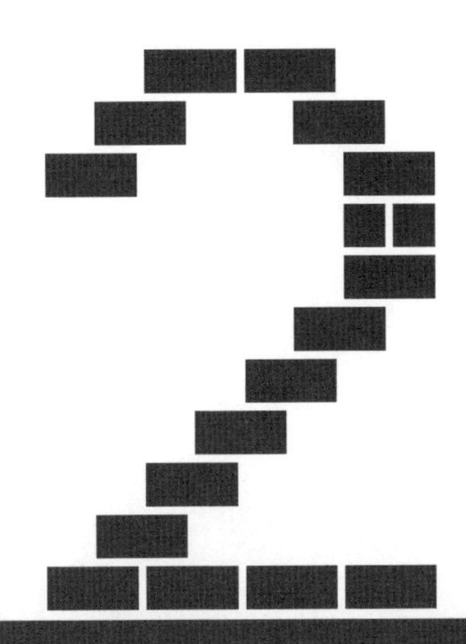

第 2 章

大型全机气候环境实验室工程建设概况

2.1 工程概况

大型全机气候环境实验室总建筑面积 21295m²，建筑高度 36.45m。建筑抗震设防烈度为 8 度，设计使用年限 50 年，大型全机气候环境实验室建成全景如图 2–1 所示。该实验室由主试验室及附楼 A、B、C 区组成（图 2–2）。其中，主试验室根据工况不同分为大、小室，设有地下综合管廊，与附楼地下室连通，地下室层高 6m。主试验室为“房中房”结构，外部为钢网架和格构式钢柱结构，内部为环境结构架，外墙为岩棉复合平钢板保温墙体，内墙为不锈钢聚氨酯夹芯板墙体。附楼则根据功能用途分为设备用房和办公用房。该实验室可以进行包括高温、低温、太阳辐射、相对湿度、淋雨、喷雾、降雪、冻雨、风吹雨、风吹雪、冻云/结冰、发动机开车等全机气候试验项目，其气候模拟工况如图2–3所示。

图 2–1 大型全机气候环境实验室建成全景

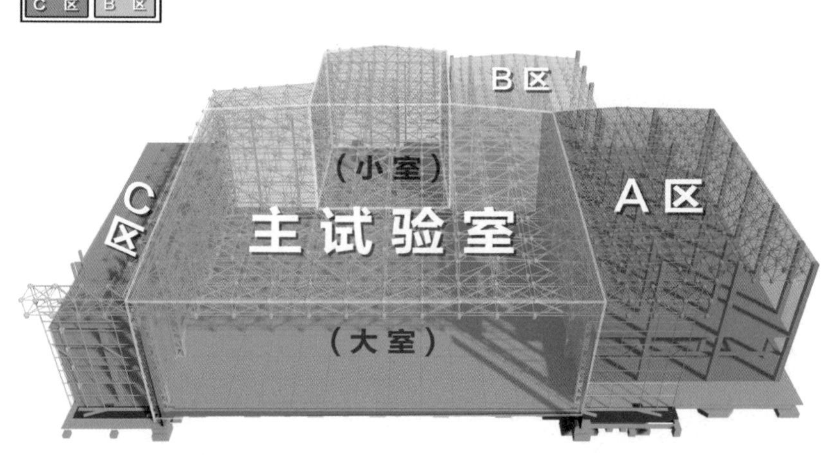

图 2–2 实验室结构分区示意图

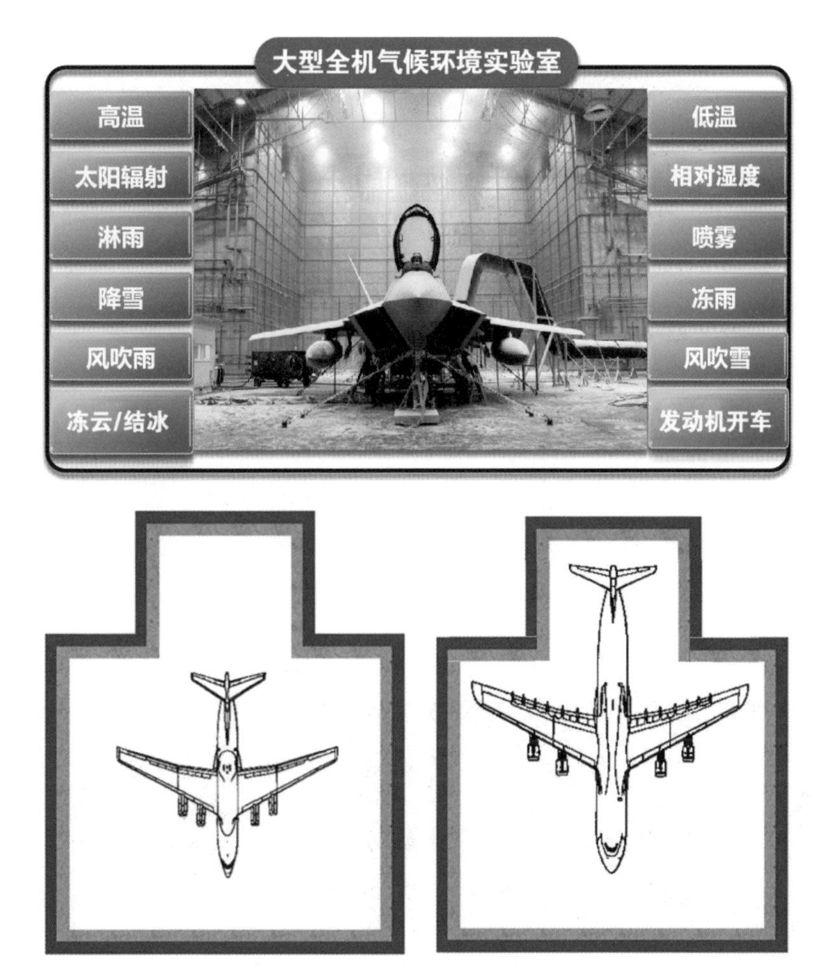

图 2-3　实验室气候模拟工况

大型全机气候环境实验室是世界一流、国内首座大型全机气候环境实验室，建成后将成为我国航空领域军、民用飞机及武器装备唯一的气候环境试验平台。可实现多种极端气候环境模拟，成功打破了国外全机气候试验垄断的地位，填补了我国大型综合气候环境实验室建设和气候环境试验专业的双重空白，真正意义上实现了“呼风唤雨、冷暖随行”，使我国真正跻身该领域世界先进行列，对进一步打造航空强国，实现“两个一百年”奋斗目标具有重要战略意义。

2.2　工程特色

实验室容量 13 万 m^3，气候环境模拟试验要求 12h 内温度达到 -55℃或 74℃，对整个大跨结构保温密封要求极高。主试验室设计为高大空间“房中房”结构（图 2-4），是大型全机气候环境实验室工程施工的一大特色。

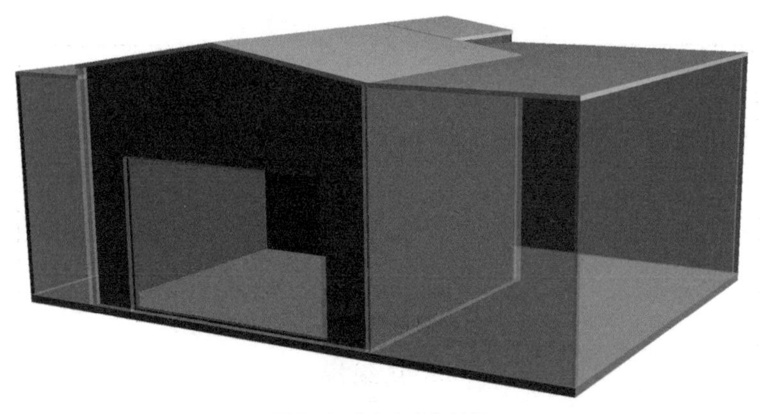

图 2-4 “房中房”结构

除传统机电安装系统外，还增加了淋雨、吹风、降雪、喷雾、太阳辐射、上部运输、控制管理及数据采集和辅助试验八大系统。设备管道超高超大（图 2-5、图 2-6），现场立体、平面综合排布复杂，各专业配合交叉施工，形成了大型全机气候环境实验室工程施工的又一特色。

图 2-5 制冷系统

图 2-6 送回风系统

2.3 工程重难点

2.3.1 高大空间围护结构一体化保温密封技术

1. 材料选型

实验室结构跨度大、高度高，且要求在 129℃温变环境下具有良好的一体化保温密封性能，标准高、要求严，设计难度大。由于实验室最低温度达到 -55℃，保温材料的选择也很关键。在选择地坪保温材料时，不但要考虑保温性能，也要满足承受全尺寸飞机的单轮压强。通过大量市场调研和反复试验，最终地面选择高强度泡沫玻璃保温板，墙、顶保温材料选为不锈钢聚氨酯夹芯板，顶棚环境结构架及悬挂系统采用低温特种钢。

2. 节点深化设计

实验室主厂房设计包括外部大门和中间门共计 2 樘，大门尺寸为 72m×22m，重 280t（图 2-7）。实验室内进行环境试验时，为确保室内模拟环境不受外界环境空气影响，实验室内处于（25±5）Pa 的微正压状态，大门及库板作为实验室最大的冷、热量泄漏部位，它的密封性与保温性直接影响着实验室的能耗及环境模拟的有效性。

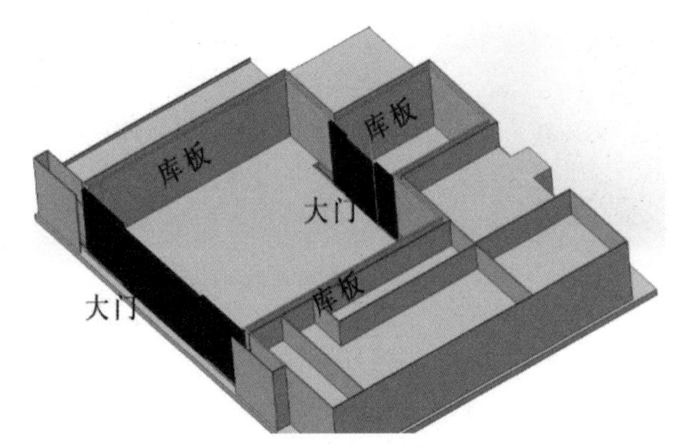

图 2-7　大门及库板三维模型

首先，采用建筑信息模型技术优化大门开启方式。设计变向导轨，可使大门开启时叠合全开，关闭时线性对接。于相接处均设置硅橡胶气囊袋，试验时充氮气密封。门扇内侧采用冷库板并与四周建筑搭接 0.5m。库板内设钢骨架以提高自身刚度，内侧不锈钢面板经特殊处理并粘贴以增加部件的叠合力，室外拼缝部位采用专用气密涂料，并在涂层外设置金属保护盖板（图 2-8、图 2-9）。

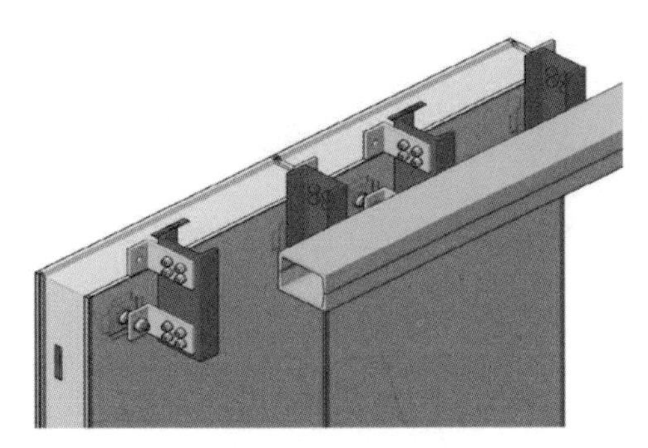

图 2-8　涂层外设置

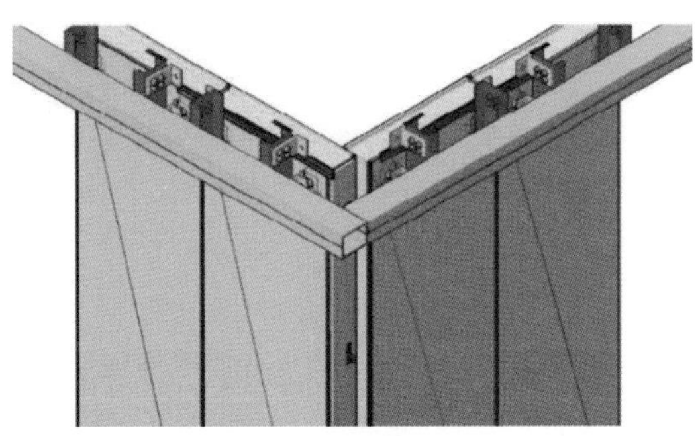

图 2-9　连接部位设置

其次，采用建筑信息模型技术进行深化设计，库板之间采用企口承插式连接方案，接缝处采用高性能硅酮密封胶密封。根据气候模拟试验需要，实验室设计轨道悬挂系统（图 2-10）。悬挂系统吊杆需穿过库板，为了克服悬挂系统振动影响，导致冷气从穿孔处泄漏，对网架造成冻伤破坏。一方面增加了粘滞阻尼器，另一方面库板上下采用耐高低温橡胶垫固定吊杆，再进行打胶密封（图 2-11）。

图 2-10　主试验室轨道悬挂系统

图 2-11　高大空间一体化保温密封

2.3.2　超高低温、高精度地坪系统施工技术

作为气候实验室，除了对上部结构保温密封要求较高外，地坪也需进行超高低温、高精度结构设计。

1. 解决钢筋混凝土地面冻融破坏影响

由于地坪系统受到极端环境干湿交替循环温度变化及荷载作用，所以对钢筋混凝土地面经受冻融循环产生的耐久性问题进行了研究。采用室内快速模拟试验与气候环境慢速模拟试验相结合的方法，研究了混凝土地坪的性能退化规律，提出了最佳配合比，可达到混凝土的耐久性要求，用于指导施工。

2. 消除钢筋混凝土地面冻胀应力影响

实验室上层钢筋混凝土地面在受到极端环境及荷载作用下，热胀冷缩变形产生冻胀应力，使得混凝土地面造成微裂缝，甚至造成地面破坏。采用混凝土地面分仓技术，首先提前定制加工镀锌板材分仓缝，在分仓缝中部设置传力钢板，随后现场拼接形成铠甲缝（图 2–12），再采用混凝土连续浇筑（图 2–13）等技术有效消除了冻胀应力影响。

图 2–12　分仓缝现场拼装

图 2–13　振捣收面完成

3. 分仓缝防水密封性

分仓缝填充使用的材料、材质必须满足高性能粘结力、隔水抗冻胀性能及密封性的要求。通过反复试验得出，分仓缝填充材料采用高性能硅酮密封胶密封。采用最小厚度 5mm 和 6～8mm 的双层耐候胶、5mm 厚的聚乙烯泡沫胶条和 $\phi20$ 的泡沫棒进行分仓缝填充。施工过程中严格控制施工工艺和工序质量，保证了地坪系统的保温密封效果。

4. 大流量工业排水装置

考虑实验室排水系统，将 54 个舱内排水坡度设计为 5‰，创新设计了 54 套 304 不锈钢材质的大流量工业排水装置。通过设置地漏壳体、钢格栅和隔气密闭装置以满足实验室内大流量排水、高承压及隔汽密封功能，确保了巨幅温差下地坪系统的使用功能（图 2-14）。

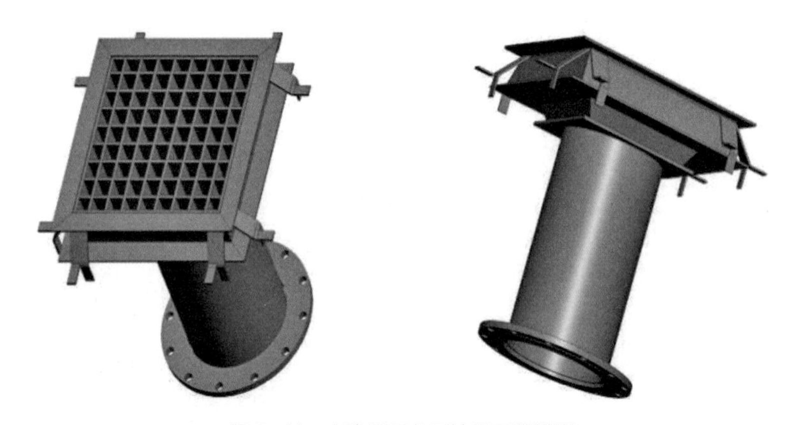

图 2-14　大流量工业用地漏三维模型

基于以上研究，该地坪系统从下至上包括结构层、保温防水层、滑动层、混凝土面层等。结构层采用 300mm 厚 C30 混凝土；保温密封、防潮隔汽层采用 300mm 厚泡沫玻璃和 PC88 防水涂层；滑动层深化设计为双层 0.5mm 厚 PE 膜、低强度等级水泥砂浆找平层和双层 0.5mm 厚 PE 膜；混凝土面层为 300mm 厚 C40 混凝土（图 2-15、图 2-16）。

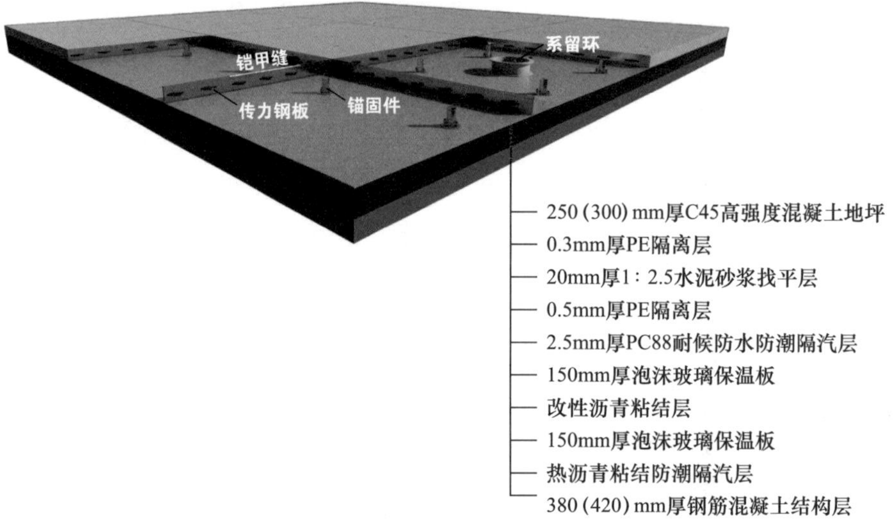

图 2-15　地坪系统构造建模效果

图 2-16　地坪建成实景

2.3.3　76.5m 大跨度网架整体提升技术

采用 Tekla 软件模拟施工，以主体钢柱为提升点，两侧附楼结构为约束点，利用大型设备计算机进行钢框架整体提升（图 2-17～图 2-20）。施工过程中网架分三次整体提升：第一次提升 3m，安装网架下悬系统吊架支架；第二次提升 6m，安装门头梁；第三次提升至设计标高 27.000m，高空补位焊接，通风风管、配电管、消防配管与网架同步提升。附楼 A、B 区网架因场地受限，采取高空拼接整体滑移施工。

图 2-17　大跨度网架整体提升

图 2-18 大跨度网架第三次提升

图 2-19 大跨度网架三次提升高度

图 2-20 动画演示二维码

2.3.4 复杂构造地下综合管廊施工技术

地下结构设计整体呈东低西高，设综合主管廊 2 道共 140m，与附楼地下室连通，支管廊 17 道共 410m。基础桩承台共有 11 个标高，最大高差 7m，结构错综复杂，施工组织、技术管理难度大。利用建筑信息模型技术建立地下综合管廊实景模型（图 2-21），指导现场分区域、分段流水施工，反复复测，精准定位，强化组织管理，加大协调力度。

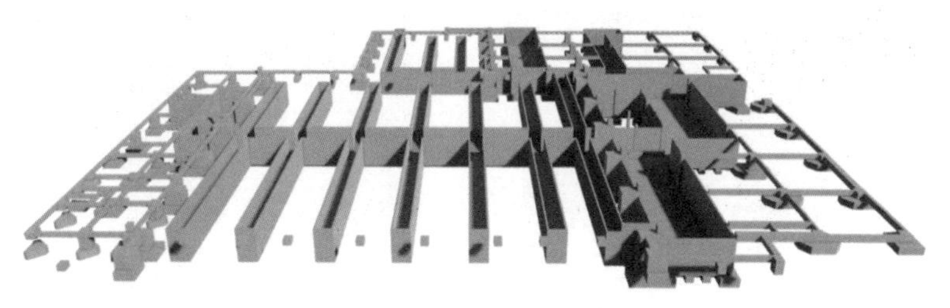

（a）地下管廊模型图

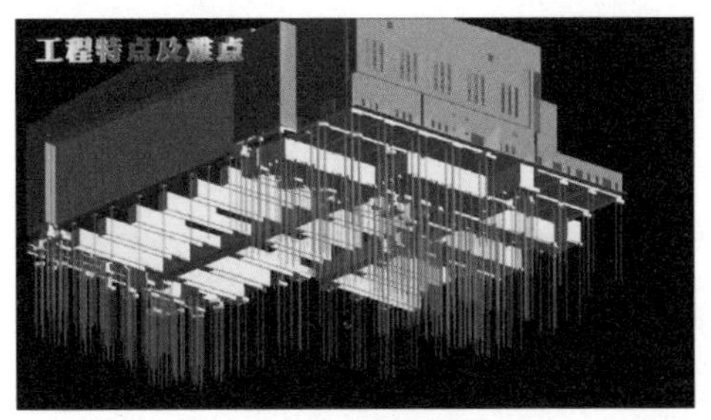

（b）管廊模型图

（c）动画演示二维码

图 2-21　建筑信息模型技术建模及动画演示

2.3.5　管线设备安装工程

实验室主要包括设备安装系统和环境工艺模拟系统（图 2-22）。实验室环境控制系统多，综合排布复杂，且各种试验设备及线路均需承受极端环境温度的考验，对设备选型要求高。

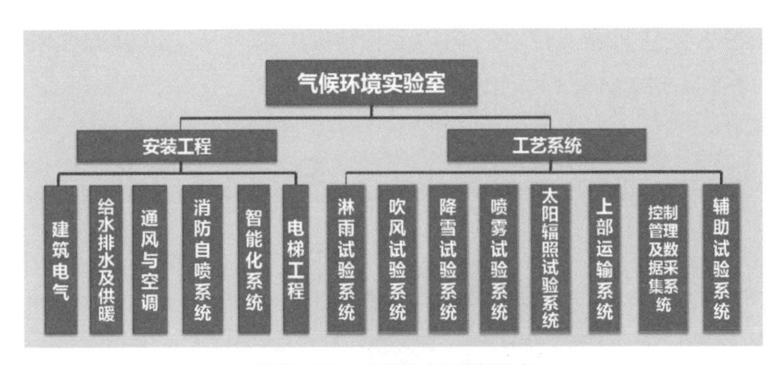

图 2-22　实验室各系统组成

本项目除传统安装工程外，工艺系统组成复杂，尤其是通风系统风管超大超高（图 2-23），最大截面尺寸 2.8m×5.8m，安装最大高度 25.5m。施工前运用建筑信息模型技术进行各专业管道综合排布（图 2-24），从排布原则、使用安全、观感质量、检修方便等多角度加强全过程质量控制和管理，使传统安装系统与工艺设备系统协同工作，保证了 13 万 m^3 大空间环境温度在 12h 内从常温升至 74℃，或降至 –55℃。

图 2-23 通风风管

图 2-24 管线排布

深入分析各试验工况的交叉性和不同期性，经过多方调研并协调设备集成商以及用户单位，从传感器、执行器、控制元件、监控主机的选择，到各控制系统有机结合在一起（图 2-25），保证了大空间环境控制的均匀度和精度，符合工艺试验的要求，对我国类似复杂工程的建设具有指导和参考意义。

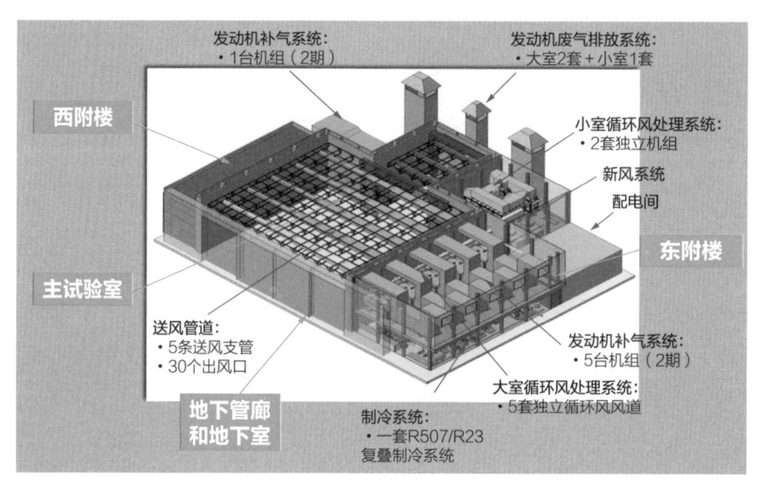

图 2-25 实验室控制系统

2.4 技术创新与应用

1. 结构专业

1）地下管廊施工技术

根据地质勘察报告，管廊范围内挖至 3 层分土层下 200mm，采用 3：7 灰土回填至管廊基础垫层底标高。主管廊下灰土地基处理厚度 0.5m，踏步段及支管廊下灰土地基处理厚度 1m。主管廊结构尺寸为 4.0m×5.25m，次管廊结构尺寸为 3.1m×2.25m。管廊主要为箱形钢筋混凝土结构，混凝土强度等级 C30。次管廊之间设 2.0m 厚 3：7 灰土，灰土顶标高与管廊顶标高相同，为 –1.150m，主次管廊分布如图 2–26 所示。为防止地基冻胀破坏，相邻支管廊间每 1m 设置 ϕ100 钢衬塑通气管，标高为 –1.650m（图 2–27）。

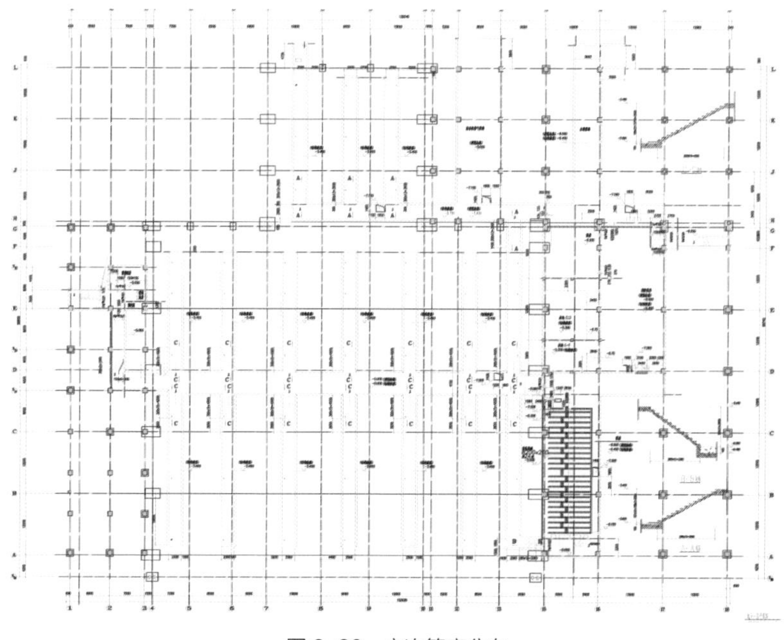

图 2–26 主次管廊分布

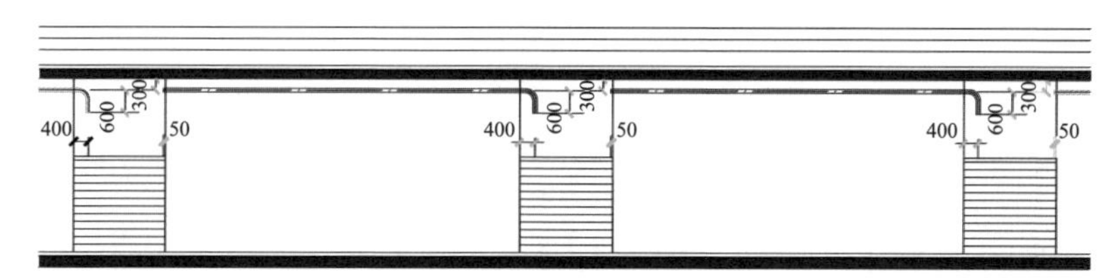

图 2–27 通气管设置

2）悬挂结构设计概况

主试验室内舱板以外的支架和主龙骨不承受低温，按照工程所在地气候条件设计；内舱板以内及穿越内舱板的结构构件均考虑承受实验环境下的低温作用。悬挂设备主要荷载参数如表 2–1 所示。

悬挂设备主要荷载参数　　表 2–1

风管：0.5kN/m^2	恒载，作用于屋盖悬挂运输设备骨架
内压：±0.50kN/m^2	活载，作用于内舱板支架和主龙骨
悬挂设备荷载	
淋雨工况荷载	0.40kN/m^2
喷雾工况荷载	0.30kN/m^2
辐照工况荷载	0.50kN/m^2

主试验室屋盖纵向轨道设有单轨捯链，每根轨道上最多 6 个，每两个捯链在轨道上最小间距 3m，每个捯链额定起重量为 5t，任何情况下，每个悬挂节点的重量不允许大于 10t（非经常使用）。横向吊车轨道上设两台横向移动吊车，两台吊车间限位 6m，横向吊车自重 3t，起重量 5t。

屋盖悬挂运输设备骨架、斜撑及连接节点板均采用 Q345E 钢，吊杆采用 Q345E 钢，焊条或焊丝的材质与母材相同，采用低氢型焊条。高强螺栓强度等级为 10.9 级，扭剪型。内舱板以内及穿越内舱板的结构构件连接采用摩擦型高强螺栓连接，构件摩擦连接面均做防腐处理，摩擦系数暂定 2.0。销轴的强度等级为 8.8 级，需满足 –20℃冲击韧性试验要求，冲击韧性指标 $A_{Kv}\geqslant 27J$。

除支座、大门、小门处有其他具体做法外，网架球下弦节点做法按图 2–28 预留连接板进行施工，连接板做法如图 2–29 所示。

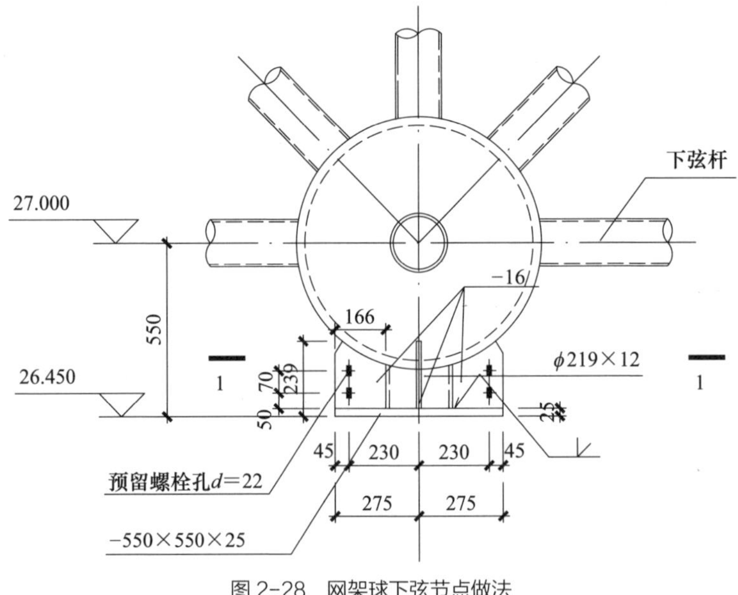

图 2–28　网架球下弦节点做法

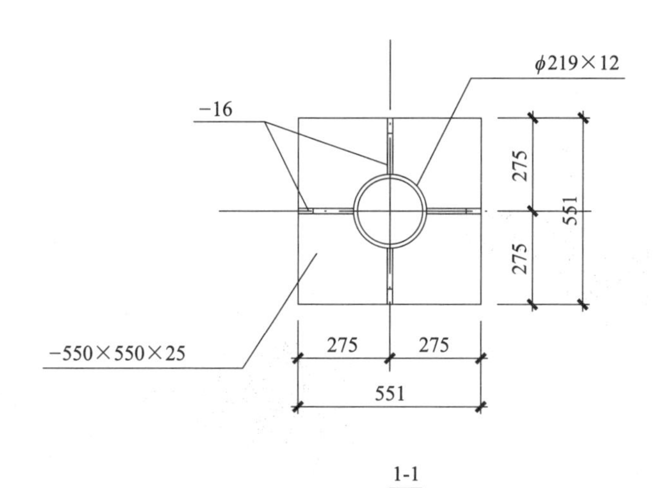

图 2-29　连接板做法

3）减隔震构造措施

实验室设备间应用消能减震技术和建筑隔震技术，设计采用多种抗震构造，主要包括 36 套粘滞阻尼器（图 2-30）、30 组减震支座（图 2-31）、24 个球铰支座（图 2-32）、12 套隔震支座（图 2-33）及 180 根屈曲约束支撑（图 2-34）等，安装焊接牢固，节点精致美观，消能减震效果良好。

图 2-30　粘滞阻尼器

图 2-31　减震支座

图 2-32　球铰支座

图 2-33　隔震支座

图 2-34 屈曲约束支撑

2. 电气专业

专门组织论证关于抑制、消除谐波问题的技术措施。对于大功率变频器，要求配套安装直流电抗器以及输入端无源滤波器，将谐波抑制在符合电网接入标准的范围之内。对于分散的非线性设备，在集中配电室内预留有源滤波器的安装条件。

3. 暖通专业

与专业团队经过消防性能化设计，针对具体气候模拟采取了相适应的排烟措施，既满足了消防要求，又能保证实验室的正常使用。主要通过采用 CFD 模拟与有限元相结合的方法进行非稳态传热计算，确定空调系统风量与冷媒温度的耦合关系，为基础环模系统设计提供了理论支撑。此外，用此方法计算地坪的温度分布情况，协同土建确定地坪做法。

4. 动力专业

为保障火警探测器在高、低温下的正常工作，创新性地采用了为火警探测器专门供应压缩空气进行冷却的方案，并且取得了良好的效果。

2.5 工程质量情况

2.5.1 地基与基础工程

1. 基础工程

实验室采用钢筋混凝土灌注桩及筏形基础，桩径 600mm，桩长 18～23m，采用 C30

混凝土，成桩 509 根。经检测，承载力特征值满足设计要求，桩身完整，Ⅰ类桩占比 95.5%，Ⅱ类桩占比 4.5%，无Ⅲ类桩（图 2–35）。

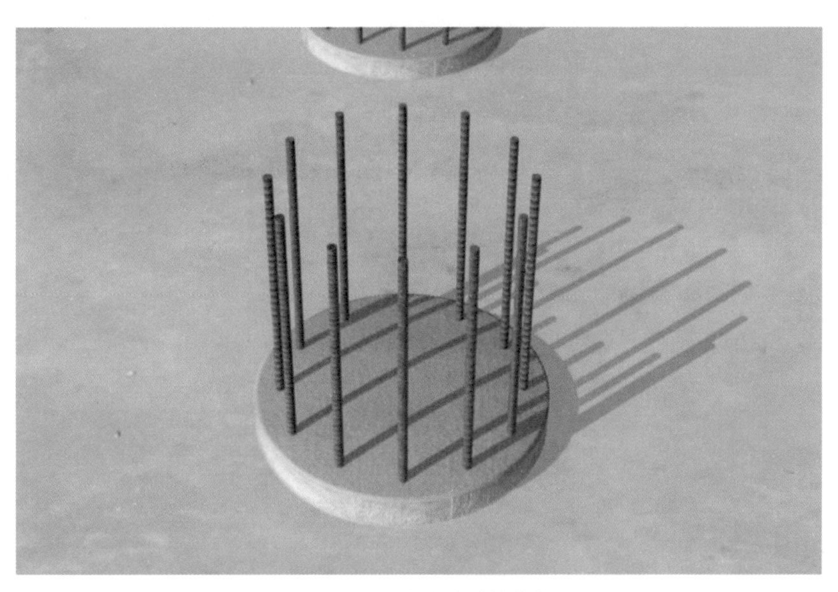

图 2-35　混凝土灌注桩整齐

工程共设置 29 个沉降观测点，2015 年 11 月 18 日开始持续进行沉降观测，最大沉降量 5.43mm，最大沉降差 2.85mm，最大平均累计沉降量 4.39mm，最大沉降速率 0.003mm/d，满足规范要求。最后 100d 平均沉降速率为 0.002mm/d，沉降均匀已趋于稳定（图 2–36）。

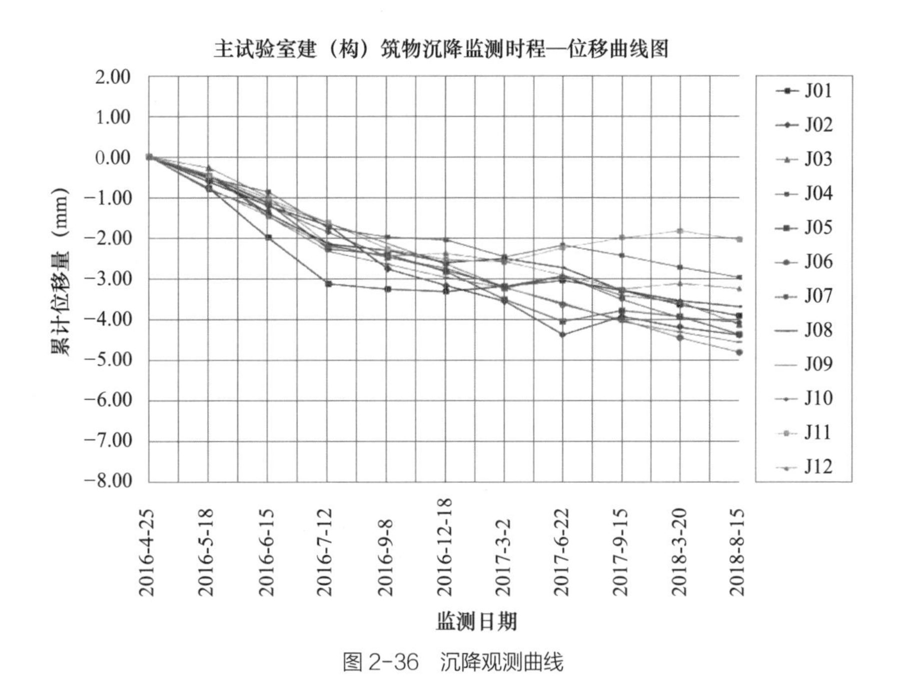

图 2-36　沉降观测曲线

2. 地下防水工程

实验室 15912m^2 的地下部分采用 SBS 防水卷材，具体做法如图 2–37 所示。施工完成后效果显著，墙面无裂缝、渗漏（图 2–38）。

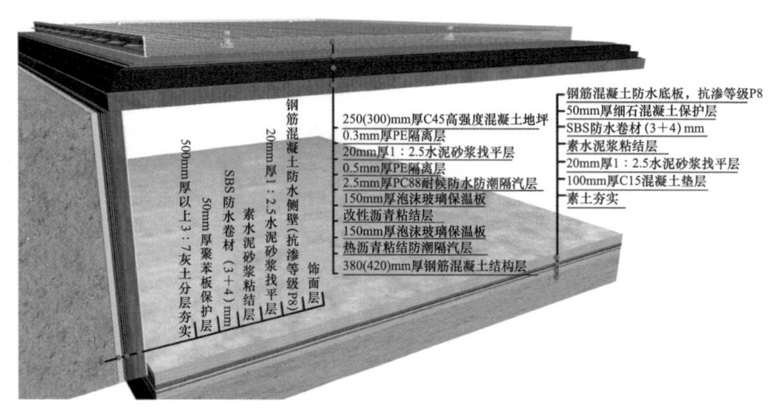

图 2–37 地下防水做法

图 2–38 防水施工效果示意图

2.5.2 主体结构工程

1. 混凝土结构

实验室主体结构所需的 2674t 钢筋加工及绑扎规范，直径 18mm 以上钢筋均采用直螺纹套筒连接，切头平齐、丝扣完整、连接可靠。205 组钢筋原材均复试合格，123 组直螺纹接头均为 I 级接头，钢筋保护层厚度检测符合规范要求（图 2–39）。钢筋绑扎完成后，浇筑的 15992m^3 混凝土结构几何尺寸准确，内实外光，表面平整，无裂缝，阴阳角方正，达到清水混凝土效果（图 2–40）。

图 2-39　现浇板钢筋绑扎准确

图 2-40　混凝土结构棱角方正

2. 砌体结构

实验室主体结构 7457m^3 填充墙采用多孔砖砌筑。砖缝横平竖直，灰缝饱满，斜砌砖倒角、填塞密实，砌筑规范（图 2-41、图 2-42）。

图 2-41　砌体砌筑规范

图 2-42　混斜砌砖填塞密实

3. 钢结构

实验室 830t 网架整体提升定位准确，网架球杆件焊接一级、二级焊缝探伤检测均一次合格，挠度检测及防火涂装均符合设计要求，屈曲约束支撑安装精度偏差小于 3mm，满足规范要求，网架结构安装如图 2-43 所示。

图 2-43　网架结构安装

2.5.3　装饰装修工程

（1）5109m^2 外立面大波纹压型钢板墙（图 2-44）和 8232m^2 岩棉复合平钢板外墙（图 2-45）排布合理，接缝严密，外观颜色协调统一，庄重大气。隐框玻璃幕墙安装牢固，胶缝均匀饱满，宽窄一致，“六性”检测合格（图 2-46）。

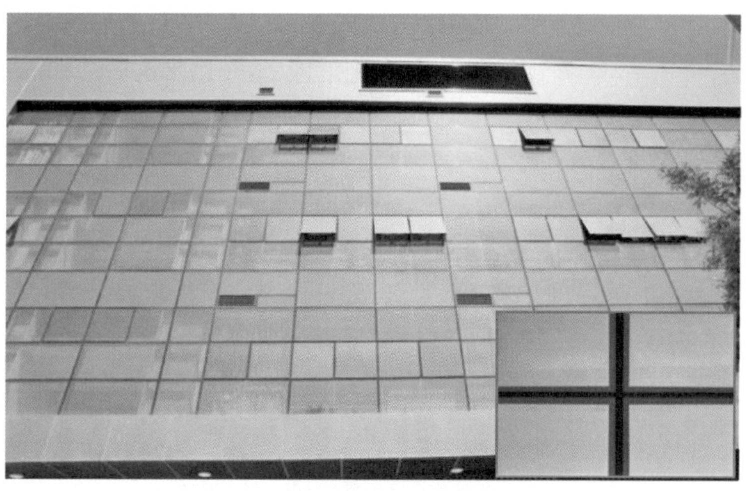

图 2-44　外立面大波纹压型钢板墙

图 2-45　岩棉复合平钢板外墙

图 2-46　隐框玻璃幕墙

（2）10600m² 吸声板墙面平整度偏差不大于 2mm，排布统一，对缝工整（图 2-47）。22387m² 内墙涂饰光泽均匀一致（图 2-48），阴阳角方正（图 2-49）。

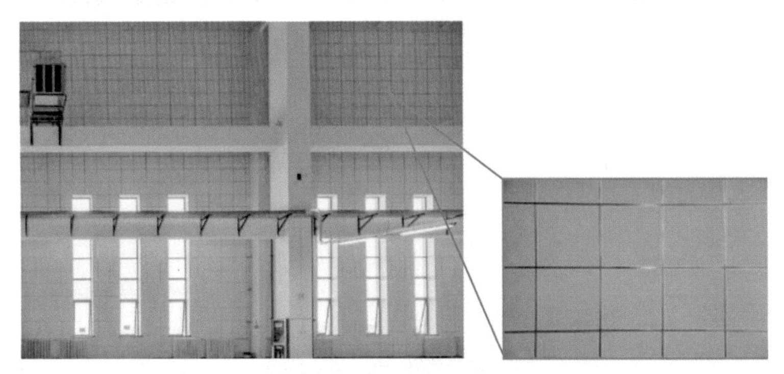

图 2-47　吸声板墙面安装平整且对缝整齐

图 2-48　内墙涂刷均匀

图 2-49　阴阳角方正

（3）10122m² 室内顶棚排布合理，接缝平整严密（图 2-50）。

（4）4363m² 地砖地面整层对缝（图 2-51），踢脚线出墙厚度一致，与地面对缝工整（图 2-52）。楼梯踏步阴阳角踢脚线整体对缝，相邻踏步高差小于 3mm（图 2-53）。卫生间墙、顶、地三缝合一（图 2-54），卫生洁具高度一致，地漏居中，坡向正确。

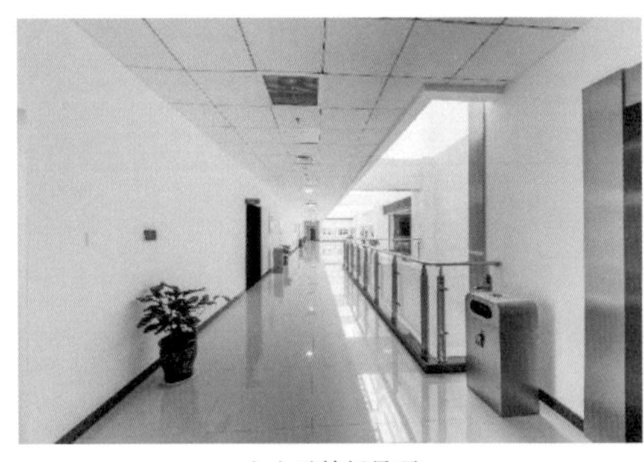

（a）矿棉板吊顶

（b）装饰吊顶方正

图 2-50　室内顶棚效果（一）

（c）复合保温板吊顶

（d）铝扣板吊顶

图 2-50　室内顶棚效果（二）

图 2-51　地砖地面整层对缝

图 2-52　踢脚线出墙厚度一致

图 2-53　楼梯间地砖铺贴平整

图 2-54　墙顶地三缝合一

（5）58 樘断桥铝合金 Low-E 中空玻璃窗安装牢固，启闭灵活。电伴热多层断桥铝合金 Low-E 中空玻璃观察窗密封严密，电伴热布设合理，使用性能良好。79 樘钢制防火门和 19 樘铝木复合门与墙面安装牢固，开启灵活（图 2-55）。

（a）断桥铝合金

（b）真空玻璃观察窗

（c）铝木复合门

图 2-55　门窗安装效果

2.5.4　屋面工程

屋面 PVC 防水卷材热熔焊接牢固（图 2-56），铺贴平整，无渗漏，架空板对缝整齐，勾缝均匀（图 2-57）。

图 2-56　屋面 PVC 防水卷材热熔焊接牢固

图 2-57　屋面架空板排布整齐且勾缝均匀

2.5.5　给水排水及采暖工程

给水排水设备管道安装牢固，排布整齐，标识清晰。卫生器具、暖气片安装牢固整齐（图 2-58、图 2-59）。

图 2-58　卫生器具安装

图 2-59　暖气片安装

消防设备、管道安装牢固，布局合理、排列整齐，试压合格（图 2-60）。

（a）设备安装

（b）管道布设

（c）消防器材完备

图 2-60　消防设备安装

2.5.6　通风与空调工程

风管安装水平顺直，支架牢固，风口位置合理，系统运行正常（图 2-61、图 2-62）。

图 2-61　风管排布

图 2-62　风口位置

2.5.7 建筑电气工程

采用放射式和树干式进行配电，一、二级负荷为双电源供电，接地采用 TN-S 系统，防雷等级为二类。配电柜排列整齐，配电箱内相序正确，接线规范（图 2-63～图 2-66）。

图 2-63 配电柜安装

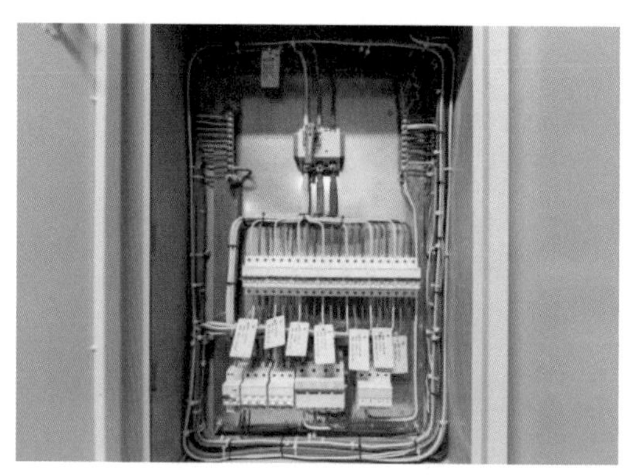

图 2-64 配电箱内接线

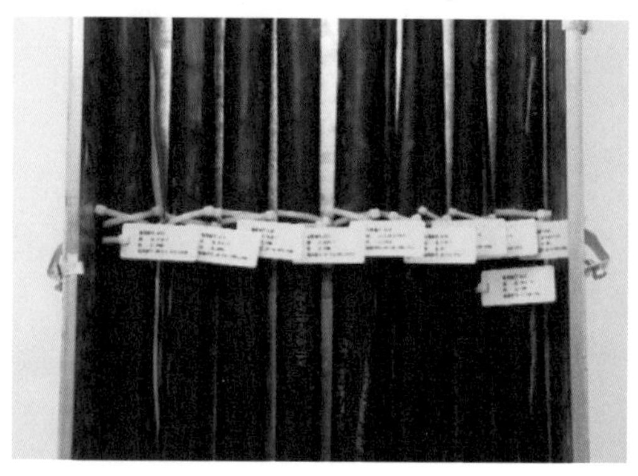

图 2-65 电缆固定

图 2-66 配电箱接地

3200m 接闪带安装牢固、顺直，高度一致（图 2-67）；避雷引下线接地可靠、标识清晰（图 2-68）。

图 2-67 接闪带平正顺直

图 2-68 避雷引下线标识清晰

2.5.8　智能建筑工程

本项目智能建筑工程设施先进、功能完善，智能化程度高，自投入使用后设备运行稳定（图 2–69、图 2–70）。

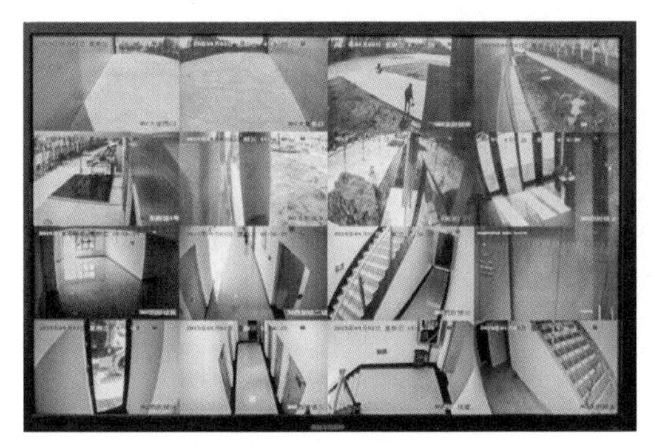

图 2–69　监控系统

图 2–70　室外红外感应系统

2.5.9　电梯

电梯运行平稳，平层准确，制动可靠（图 2–71）。

图 2–71　电梯平层准确

2.5.10　工艺系统

1. 淋雨试验系统

在环境室内模拟飞机（或装备）全寿命周期内遭遇的严酷自然降雨环境，考核飞机（或装备）整机耐淋雨环境的能力。淋雨模拟试验如图 2–72 所示。

图 2-72 淋雨模拟试验

2. 降雪试验系统

降雪试验系统是气候环境实验室特殊环境模拟系统之一，其功能主要是在实验室进行降雪模拟试验时，在环境室试验区域实现一定强度的降雪，考查装备系统、电子传感设备及作动部件等在降雪环境下的工作性能。降雪模拟试验如图 2-73 所示。

图 2-73 降雪模拟试验

3. 吹风试验系统

吹风试验系统主要与淋雨试验系统、降雪试验系统一同使用，模拟风吹雨 / 雪等气候环境。吹风模拟试验如图 2-74 所示。

4. 降雾试验系统

模拟降雾、积冰 / 冻雨环境，开展降雾、积冰 / 冻雨试验，验证飞机对低能见度、积冰环境的适应性。降雾模拟试验如图 2-75 所示。

图 2-74　吹风模拟试验

图 2-75　降雾模拟试验

5. 太阳辐照试验系统

在环境室内模拟当前世界极干热、极热及中等热太阳辐射气候环境，考核飞机（或装备）整机在太阳辐射环境引起的热效应。太阳辐照试验通常与高温试验联合进行，考核高温对飞机各系统功能和性能的影响，确定飞机在高温条件下工作和储存的适应性，发现飞机与高温气候环境相关的飞行安全缺陷。太阳辐照模拟试验如图 2-76 所示。

图 2-76　太阳辐照模拟试验

6. 上部运输系统

用于太阳辐射、淋雨、降雾、结冰、冻雨试验支架等环境试验设备在主试验室内部的起吊、运输、就位、悬挂、拆卸、换装等。上部运输系统如图 2–77 所示。

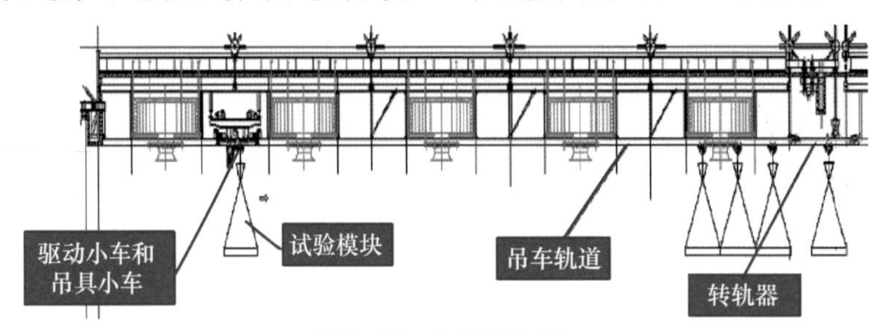

图 2–77 上部运输系统

7. 控制管理及数据采集系统

通过协调控制气候环境实验室基础环境模拟系统和特殊环境模拟系统的运行，来完成飞机气候环境试验的各单项环境试验或复合环境试验，对试验过程中实验室环境参数和被试对象响应数据进行采集、存储和分析，完成环境试验任务配置、试验过程监控，以及对试验数据和试验资源的管理。

8. 辅助试验系统

辅助试验系统的主要功能为室内温度、湿度以及微正压调节。具体体现为考核低温、高温以及湿热环境对飞机各系统功能和性能的影响，确定飞机在低温、高温以及湿热条件下工作和储存的适应性，发现飞机的飞行安全缺陷等。

9. 工程调试情况

大型全机气候环境实验室工程调试采取先分系统、后联合，基础环模为主线、工艺设备穿插进行，先小室、后大室，先低温、后高温，先手动、后自动的主要思路。首先进行实验室子系统单机调试，使其具备联合调试状态，进而进行气候环境实验室全部极端高温和极限低温联合调试。调试结果表明，各系统运行状况良好，实验室主要技术指标达到了设计要求。具体调试路线如图 2–78 所示。经使用单位测试，实验室新风补气量是原设计的 50%，稳态冷量为原设计的 70%，均优于设计指标，为工程后期使用大大节约了能源。

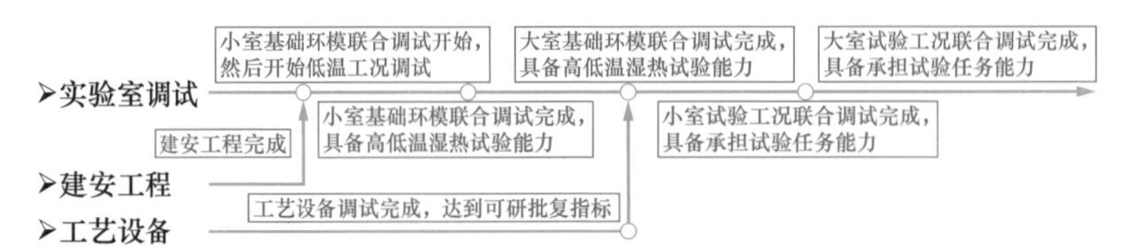

图 2–78 工程调试路线

2.6　建筑节能与绿色施工

实验室建设全周期贯彻建筑节能与绿色施工理念，落实“四节一环保”措施，并在设计施工过程中使用大量节能环保材料，既保证了高大空间围护结构一体化的密封保温性能，又真正践行了绿色可持续发展理念。

（1）外墙采用 100mm 厚岩棉复合平钢板及 80mm 大波纹压型钢板；大、小室屋面采用 100mm 厚挤塑聚苯板，附楼屋面采用 145mm 厚太空板；大、小室库板及顶板采用 200mm 厚不锈钢聚氨酯夹芯板（图 2-79～图 2-81）。

图 2-79　不锈钢聚氨酯夹芯板

图 2-80　外墙保温性能优良

图 2-81　大门保温密封良好

（2）地坪系统采用泡沫玻璃保温板（图 2-82），整体保温性能优良。

图 2-82　泡沫玻璃铺装

（3）外窗采用断桥铝合金型材 Low-E 中空玻璃，西附楼屋面局部设置玻璃采光顶，可实现自主采光，环保节能（图 2-83、图 2-84）。

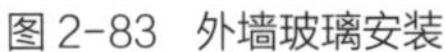

图 2-83　外墙玻璃安装

图 2-84　玻璃采光板安装

（4）10600m^2 空调机房采用穿孔吸声板墙（图 2-85），吸声效果显著。

图 2-85　空调机房采用穿孔吸声板墙

十余载厚积薄发，工程建设、设计和施工等单位协同合作，不断创新，攻克了一系列重大世界性难题，世界最大的气候环境综合实验室最终磨砺而成，屹立东方，让飞机真正实现了足不出户就能完成各种极端环境下的气候环境适应性试验，实现全疆域布防、全天候作战，使我国正式跻身该领域世界先进行列。大型全机气候环境实验室建设视频简介二维码如图 2-86 所示。

图 2-86　大型全机气候环境实验室建设视频简介二维码

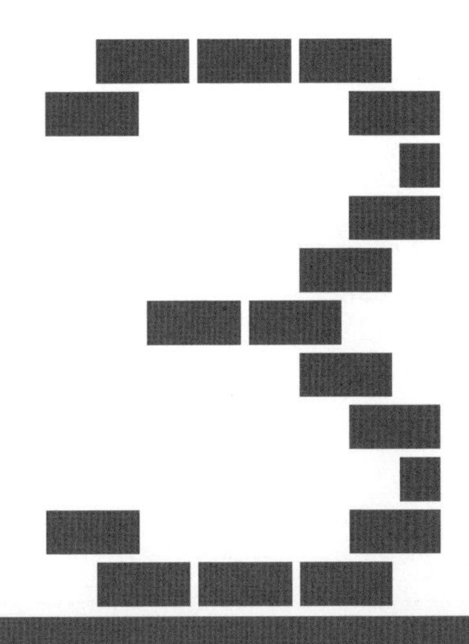

第 3 章

大跨度网架结构智能控制整体同步提升施工技术

3.1　设计概况

3.1.1　结构设计

气候环境实验室采用钢网架＋钢双肢格构柱网架结构，其设计概况如表 3-1 所示。

设计概况　　表 3-1

序号	项目	设计概况
1	设计使用年限	50 年
2	结构安全等级	一级
3	耐火等级	二级
4	抗震设防烈度	8 度

实验室结构设计主要包括柱、柱间支撑、大室屋盖网架、小室网架、屋面檩条、墙架、检修马道、墙面檩条、桁架、承重压型钢板，以及东、北附楼钢结构等。实验室结构布置图、立面效果图如图 3-1～图 3-3 所示。主要构件及连接节点如表 3-2 所示。钢结构屋面做法为压型钢板复合保温屋面系统，结构层为承重压型钢板。底漆为环氧富锌底漆，厚度 80μm，中间漆为快干型环氧云铁中间漆，厚度 120μm，面漆为聚氨酯面漆，厚度为 80μm。所有组装后的钢结构构件防腐涂层材料耐久年限应保证 25 年以上。

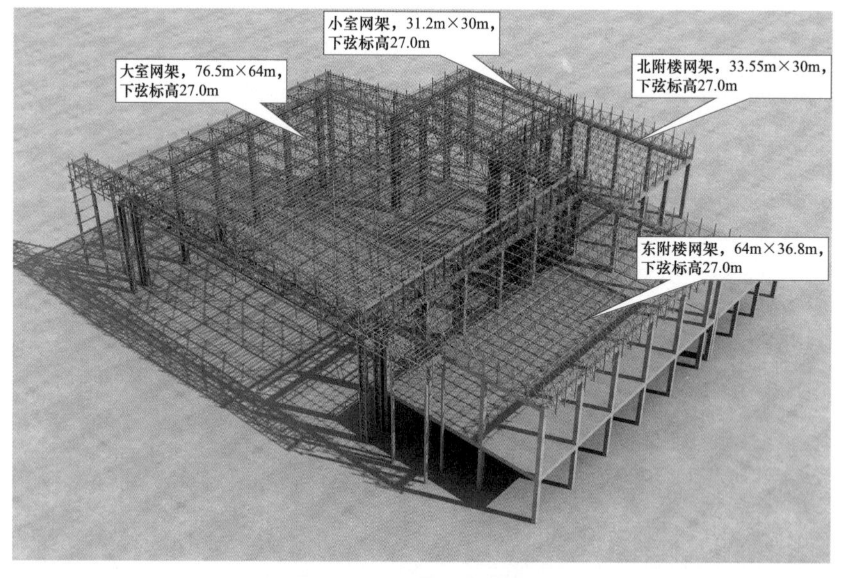

图 3-1　实验室结构布置图

图 3-2　立面效果图（正立面）

图 3-3　立面效果图（背立面）

主要构件及连接节点　　表 3-2

序号	名称	主要用于部位	示意图
1	箱形钢柱	主试验室	
2	双肢格构柱	主试验室	

续表

序号	名称	主要用于部位	示意图
3	H 型钢	双肢格构柱、 主檩条、马道等	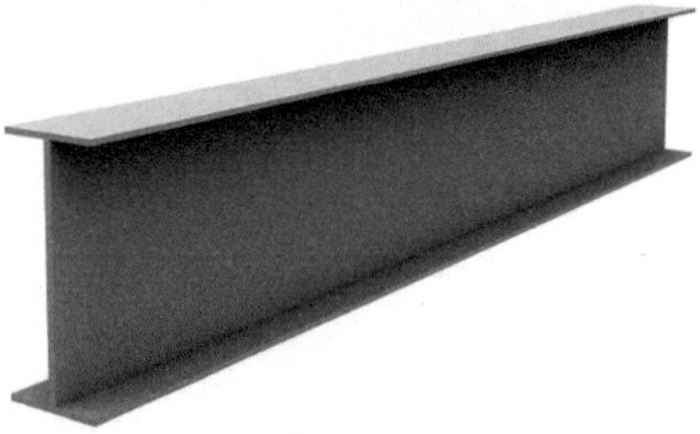
4	球铰支座	网架支座	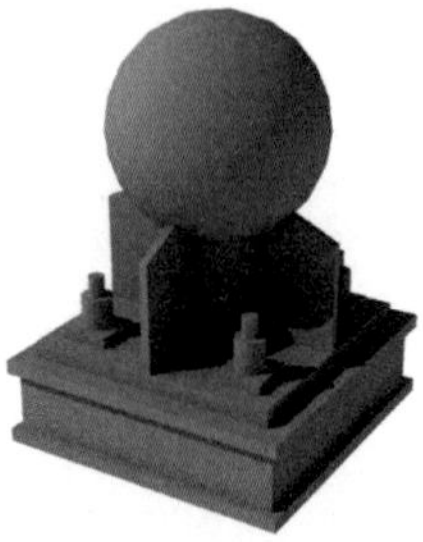
5	球杆连接节点 1	网架	
6	球杆连接节点 2	网架	
7	钢柱及柱间支撑	网架	

续表

序号	名称	主要用于部位	示意图
8	钢柱及柱间屈曲约束支撑	网架	

3.1.2　深化设计

1. 深化设计原则

深化设计主要是根据提供的图纸和技术要求，结合加工单位工厂制作条件、运输条件等，对每一个节点及杆件进行实体放样下料，以便工厂加工使用；以及对部分节点图纸不详的位置进行设计，对不合理的节点及杆件进行重新计算以实现结构优化，并完成钢结构加工详图的绘制。深化设计原则如表 3–3 所示。

深化设计原则　表 3–3

序号	内容
1	加工单位根据设计文件、钢结构加工详图、吊装施工要求，并结合工厂制作条件，编制钢结构制作工艺书，其内容包括：制作工艺流程图、每个零部件的加工工艺及涂装方案
2	深化设计根据设计单位提供的施工图纸进行，如在节点图中无相应的节点时，请设计单位补图或按照国家钢结构设计规范进行设计，但必须提交设计单位认可。如需对节点进行优化，事先须得到设计单位、总承包单位同意
3	深化设计的节点图纸应包括预埋件、预埋锚栓与混凝土结构、橡胶支座（滑移支座）与预埋件、钢柱与基础、钢梁与钢柱、主次梁节点、支撑杆件等连接详图
4	加工详图及制作工艺书在开工前由钢结构分包单位委派的项目部报总承包单位审批，所提交的设计必须包含详细的计算书及图纸，计算书及图纸必须由设计单位签字及盖章，确认和批准后才可以正式实施
5	深化设计图纸应包括各个节点的连接类型，杆件的尺寸、强度等级，高强度螺栓的规格、数量及强度等级，焊缝的形式和尺寸等一系列施工所必须具备的信息和数据
6	原设计单位仅就深化设计未改变原设计意图和设计原则进行确认，深化设计单位对深化设计的构件尺寸和现场安装定位等设计结果负责

2. 深化设计内容

根据工程的结构形式及构件特征，大型全机气候环境实验室工程采用 Tekla 钢结构设计软件进行深化设计。该软件能够方便、快捷地建立整体模型、次梁连接节点（软件预制自动节点），并且能够准确快捷地导出深化图纸。该软件导出的深化图纸由三维模型直接生成，且能够自动形成构件尺寸材料表，软件的自动化程度高，能够最大限度地减少图纸中的错误。结构深化设计流程如图 3-4 所示，具体深化设计内容如表 3-4 所示。

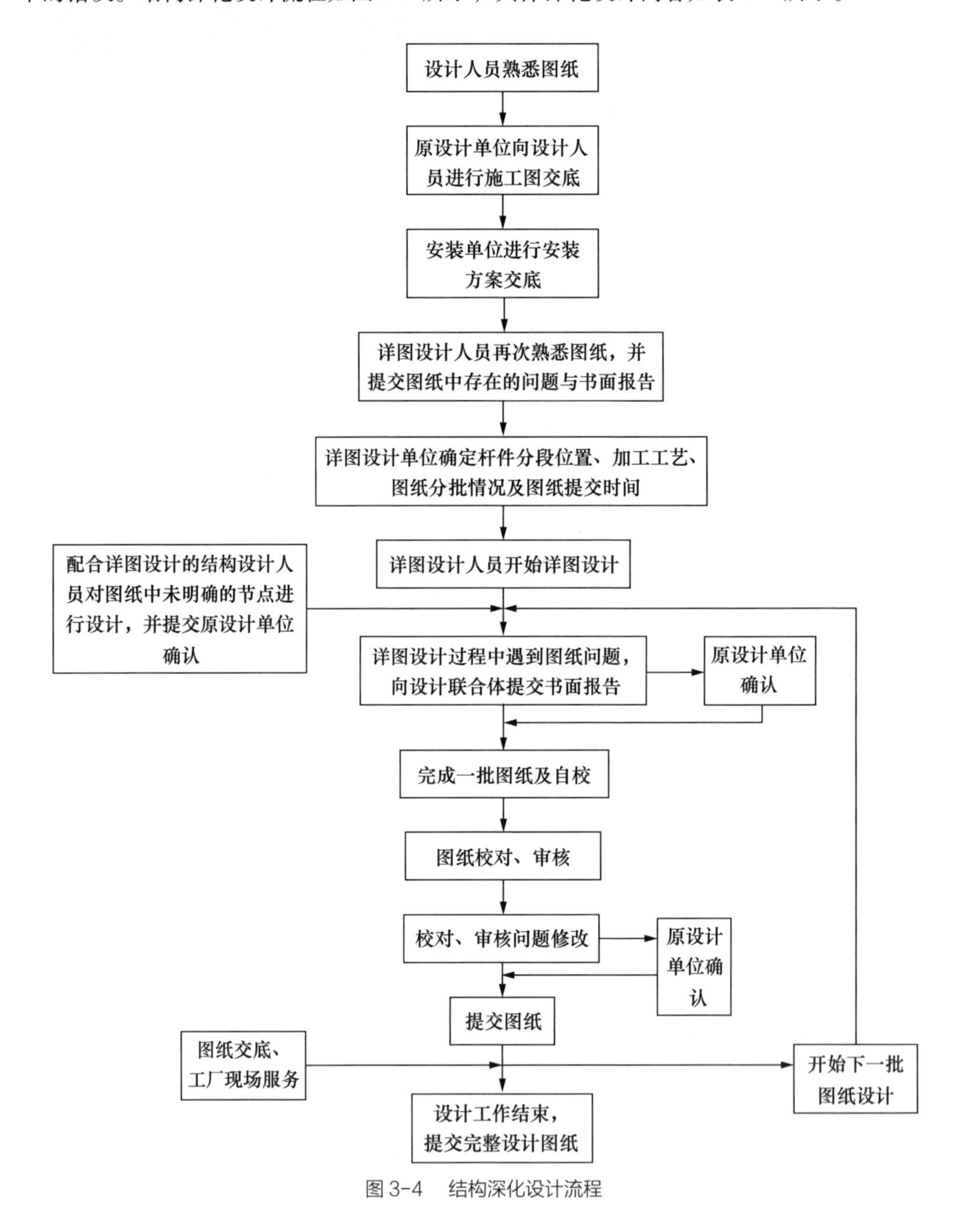

图 3-4 结构深化设计流程

具体深化设计内容　　表 3-4

步骤	内容
结构整体初步建模	在 Tekla 截面库中选取钢柱或钢梁截面，在需创建构件位置点击创建构件 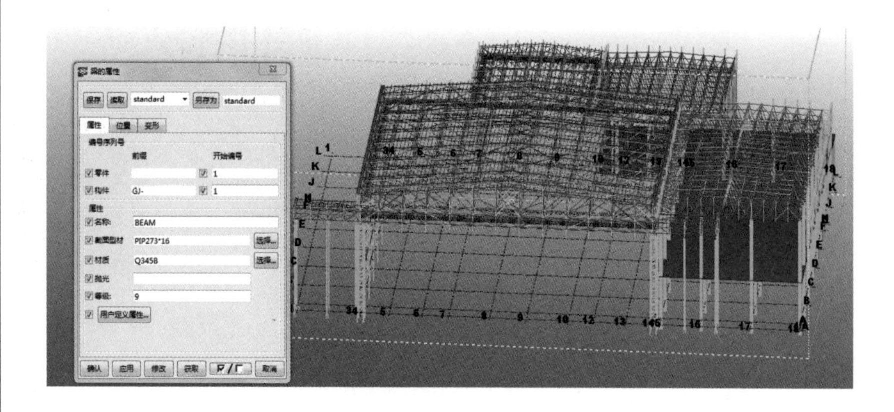
模型节点优化创建	钢梁及钢柱创建完成后，在钢柱、钢梁间创建节点。在 Tekla 节点库中有大量钢结构常用节点，采用软件参数化节点能够快速、准确建立构件节点，大大减少了深化时间。节点的建立有以下两种方法： （1）在 Tekla 节点库中选取合适的节点形式，调整好节点各相关参数后选取钢柱、钢梁或主梁、次梁创建节点； （2）当节点库中无某种节点类型时，而在大型全机气候环境实验室工程中又存在大量的该类型节点，可在软件中创建人工智能参数化节点以达到设计要求 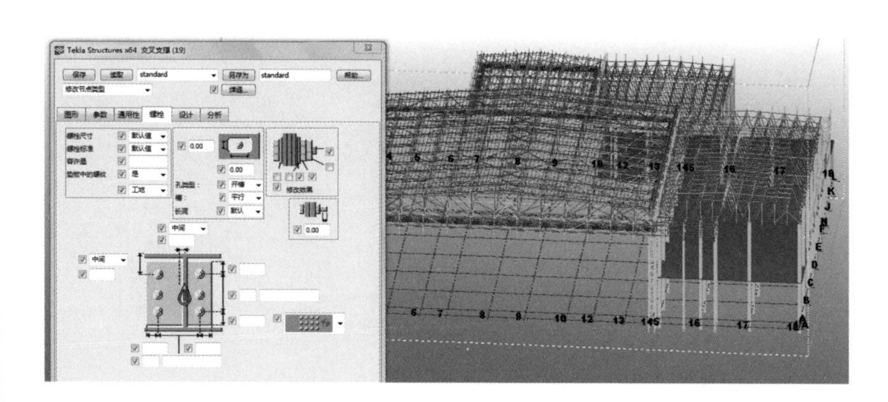
构件参数区分编号	当节点全部创建完毕，即可对整体工程构件进行编号。Tekla 可以自动根据预先给定的构件编号规则，按照构件的不同截面类型对各构件及节点进行整体编号命名及组合（相同构件及板件的命名相同），从而大大减少人工编号时间，减少人工编号错误

续表

步骤	内容
构件参数区分编号	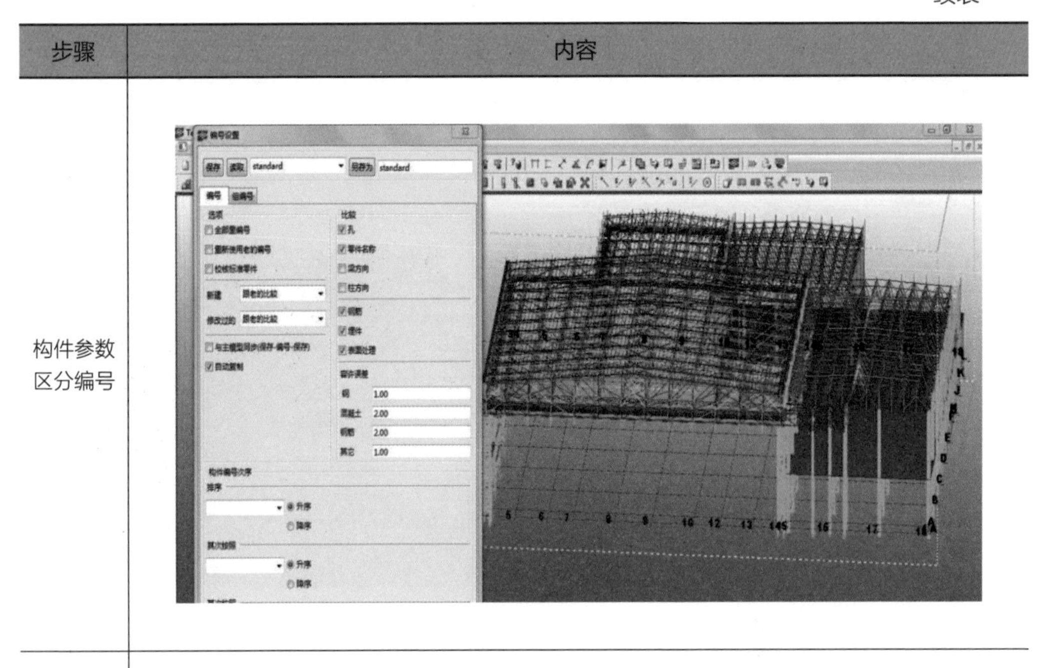
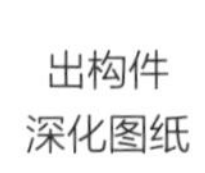出构件深化图纸	Tekla 能够自动根据所建的三维实体模型对各构件进行放样，由于图纸是由三维模型直接生成，其构件放样图纸的准确性极高；在深化图纸中，软件还能根据给定的设置自动导出构件的零件尺寸规格材料表，以方便构件统计及工厂加工 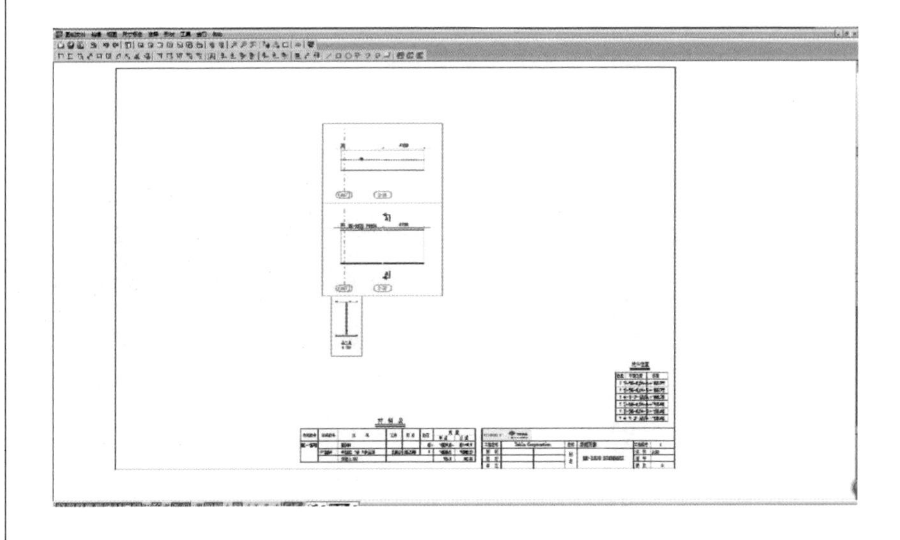
图纸更新调整	软件导出的深化图纸有很强的统一性和可编辑性，图纸可以始终与三维模型保持一致，当模型中的构件有变动时，图纸将自动在构件所修改的位置进行变更，以确保图纸的准确性。当导出的图纸中的构件参数不满足工厂加工条件时，深化设计人员可非常方便地在图纸中增加工厂加工所需的参数

通过以上深化设计，所得到的深化设计图纸内容如表 3–5 所示。

深化设计图纸内容　　表 3–5

序号	内容
1	施工详图说明——符合施工图设计总说明： （1）直接操作过程中依据的规范、规程、标准及规定； （2）主材、焊材、连接件等的选用； （3）焊接坡口形式、焊接工艺、焊缝质量等级及无损检测要求； （4）构件的几何尺寸以及允许偏差； （5）表面除锈、涂装喷涂等技术要求； （6）构造、制造、运输、安装等技术要求
2	构件平、立面布置图： （1）注明构件的位置和编号； （2）构件的清单和图例
3	构（组）件施工详图： （1）清晰显示构件几何形状和断面尺寸，在平、立面图中的轴线标高位置和编号； （2）构件材料表：名称、数量、材质、品种、规格、重量等； （3）构件连接件：品种、规格、数量、加工数量等； （4）构件开孔：位置、大小、数量等； （5）焊接：焊缝及尺寸、坡口形式、衬垫等； （6）相关件：连接尺寸、几何精度方向、标志等
4	节点施工详图： （1）确定连接件的形式、位置等要求； （2）确定连接材料的材质、规格、数量、重量等要求
5	施工安装图和预拼装图： （1）构件的平、立面布置：标明构件位置、编号、标高、方向等； （2）构件布置的连接要求
6	构件详图的图框： 在图框中除标明建设单位、国内相关设计单位、钢结构制作承包商、工程项目名称外，还应标明构件号、图号、日期、比例、会签栏、签字栏、修改栏，以及使用图例标志、说明（附注）等

3.2　施工测量技术

施工测量直接服务于工程施工，它既是施工的先导，又贯穿于整个施工过程。实验室建设施工所用的测量仪器设备均须经过检定，满足规范要求，主要测量仪器如表 3–6 所示。整个测量工作包括：

（1）详细勘察现场的场容场貌和周边环境特点，综合考虑这些因素对测量控制的影响，优化设计测量线路和控制网的布设；

（2）复核校验城市规划部门提供的坐标控制点和水准点，确认无误方可依此引测测量控制网；

（3）仔细审阅总平面图，确定建筑物与其他室外工程的平面和高程相对定位关系；

（4）对已经完成的工程进行轴线、标高复核。

主要测量仪器　　表 3-6

名称	型号	精度	用途	数量
全站仪	索佳	0.5ppm	控制网的建立	1 台
经纬仪	J2	2″	钢柱测量	4 台
激光经纬仪	J2-JD	2″	垂直投影	1 台
水准仪	DSZ3	≤±3mm/km	施工水准测量	3 台
精密水准仪	B20	±1mm/km	沉降观测	1 台
全站仪	SETEC Ⅱ	2″、±（3mm＋2ppm×D）	角度、距离测量	1 台
50m 钢卷尺	长城	—	垂直、水平距离测量	6 把
对讲机	—	1000m 有效距离	通信联络	6 对

3.2.1　控制网的建立

大型全机气候环境实验室工程采用外控法进行测量控制。依据土建提供的平面及高程控制点（坐标已知），采用点位测设的方法在屋盖覆盖外围空地上分别测设六个控制点组成矩形，建立钢结构自身的闭合测量控制网，在这个点上架设仪器观测边长和水平角，经平差计算，得到六个控制点。然后复测控制点，得到六个控制点的精确坐标，进而得到准确的方格网。建筑物平面、高程控制网的主要技术指标如表 3-7 所示。

建筑物平面、高程控制网的主要技术指标　　表 3-7

等级	测距相对中误差	测角中误差（″）	测站测定高差中误差（mm）	起始与施工测定高程中误差（mm）
Ⅱ级	1/20000	5	1	6

3.2.2　轴线及标高的控制

1. 轴线控制网的布设

本着先整体、后局部，高精度控制低精度的原则布设测量控制网。根据城市规划部门提供的坐标控制点，经复核检查后，利用全站仪进行平面轴线的布设。在不受施工干扰且通视良好的位置设置控制引桩，同时在围挡上用红油漆做好显著标记。在施工全过程中，对控制桩加以保护，用 200mm×200mm×10mm 的钢板加焊锚脚，埋入混凝土内，在板上刻画“十”字丝以确定精密点位，并在桩上搭设短钢管进行围护。根据施工需要，依据主轴线进行轴线加密和细部放线，形成平面控制网。

2. 高程控制网的布设

根据城市规划部门提供的高程控制点，用精密水准仪进行闭合检查，布设一套高程控制网。场区内至少引测 20 个水准点，点间距离控制在 50m 左右，以此测设出建筑物高程控制网，闭合差控制在 3mm 以内。标高引测和场地方格网均应报请监理工程师确认。

3. 水准基点的建立

根据移交的高程控制点，建立水准基点组。为了便于施工测量，水准基点组可选 3～4 个水准点和 1 个半永久性水准点均匀地布置在施工现场四周。水准点采用长度为 1m 的 ϕ16 钢筋打入地下作为标志，其顶部周围用水泥砂浆围护。半永久性水准点埋设 300mm 高的水泥标桩。由水准基点组成闭合路线，对各点间的高程进行往返观测，闭合路线的闭合误差应小于 $\pm 4N/2$mm（N 为测站数）。各点高程应相互往返联测多次，每隔半个月检查一次是否有变动，以保证水准网能得到可靠的起算依据。经复测，数据符合要求后，用水准仪将标高引测至 1m 的混凝土柱上，分 3 个地方测设并用红漆标记，便于各点间相互复核检查，同时也作为向上引测高程的起始点。

4. 标高的确定和传递

为了保证满足高程向上传递的精度要求，大型全机气候环境实验室工程采用钢尺竖向传递法。主要是用钢尺沿混凝土柱或测量平台向上竖直量距，一般至少要由 3 处同时向上引测，以便相互校核和适应分段施工的需要。

5. 柱底弹线、标高抄平

吊装之前，以现场轴线控制网为依据进行测量，在标底基础上用墨线弹出柱子“十”字线进行标识，将现场高程控制点引测至柱底进行标识，柱子安装以此标识为依据进行轴线定位和标高控制。

3.2.3 地面拼装的测量控制

1. 网架拼装

网架下弦球放在砖砌筑的拼装胎架上，通过调节钢管长度（钢管长度是根据球直径、含球量和砖胎顶部标高以及该点的设计起拱值计算确定的），保证下弦球的起拱要求，下弦球放置在钢管上。在拼装胎架砌筑完毕后，通过钢结构测量控制网在拼装胎架上测放出下弦球心的投影位置，用墨线在胎架顶标识，允许偏差为 ±2mm，在胎架上放置钢管，保证钢管的中心在下弦球心投影上。把下弦球放置在钢管上，此时就能保证下弦球心与其投影位置重合。

2. 分段拼装焊接

为消除焊接收缩量的累积对网架尺寸的影响，采取分段拼装焊接的方法，由中部向两侧对称拼装。整个网架根据安装步骤划分为若干个中拼单元，中拼单元之间的杆件先点焊，等相邻中拼单元的杆件焊接完毕后进行焊接，以消除焊接收缩量的累积，确保拼装尺寸的精度。

下弦球杆焊接前，先要复核球的平面位置及标高(起拱值)，符合规范要求后方可进行焊接。下弦球焊接完毕后，对下弦球的平面位置和标高(起拱值)进行复测，合格后方可进行网架中弦及上弦球杆的拼装。为有效控制网架的拼装尺寸，及时发现问题，及时处理，在拼装过程中按中拼单位分段进行网架的验收。用全站仪复核网架的长度和宽度，用钢尺复核网架的高度。检测结果应满足结构验收标准要求。

3. 直线度的控制

考虑到桁架下弦杆中心线在水平面上的投影为一条直线，故直线度的控制依据可考虑从下弦入手。

4. 下弦中心线的投测

由于桁架分段进行组装，故每段都必须做好中心线控制。选定平行于桁架中心轴线的定位控制基线，以测量下弦外侧面铅垂面与定位轴线的距离来控制每榀桁架轴线的直线度。直线度控制目标为 10mm。

3.3　大跨度网架结构智能控制整体同步提升施工技术

3.3.1　施工概况

1. 钢结构施工概述

实验大厅网架采用智能控制整体提升法施工。使用液压同步提升技术吊装网架，需在网架周边支承排架柱上设置提升平台，在提升平台上配置相应的液压提升器及相关设备，待地面网架拼装完成后，即可整体提升网架，一步到位。结合大型全机气候环境实验室工程现场条件，将提升平台设置在柱顶。为使提升过程中网架不与立柱相碰，地面拼装网架时，与支柱支座连接的所有杆件均不能安装，这些杆件待网架整体提升至设计标高处再安装。

2. 钢结构施工内容

（1）实验大厅支撑排架柱部分：大室部分共有 17 个格构柱、12 个箱形柱，小室部分共有 8 个格构柱、2 个箱形柱。

（2）实验大厅屋盖的焊接球网架（大室部分）：跨度为 76.5m，进深为 64m，面积为 4896m^2。屋盖采用正交正放钢网架，端部厚度 3.8m，中间厚度 6.8m，网架下弦中心标高 27.000m，屋盖支承形式为三边支承、一边开敞，开敞边设大门反梁。基本网格尺寸为 6.1m×6m，网架矢高为 3m。网架节点为焊接空心球节点，全部支座节点根据受力及构造要求采用球铰支座。实验大厅屋盖的焊接球网架（小室部分）：跨度为 31.2m，进深为 30m，面积为 936m^2，采用钢网架＋钢双肢格构柱结构形式。屋盖采用正交正放钢网架，端部厚度 3.0m，中间厚度 4.0m，网架下弦中心标高 27.000m。屋盖支承形式为三边支承，基本网格尺寸 3.05m×5.0m。网架节点为焊接空心球节点，全部支座节点根据受力及构造要求采用球铰支座。

（3）屋盖部分还有屋面主次檩条、四周墙架和墙面檩条等构件。

3. 施工总流程（图 3-5）

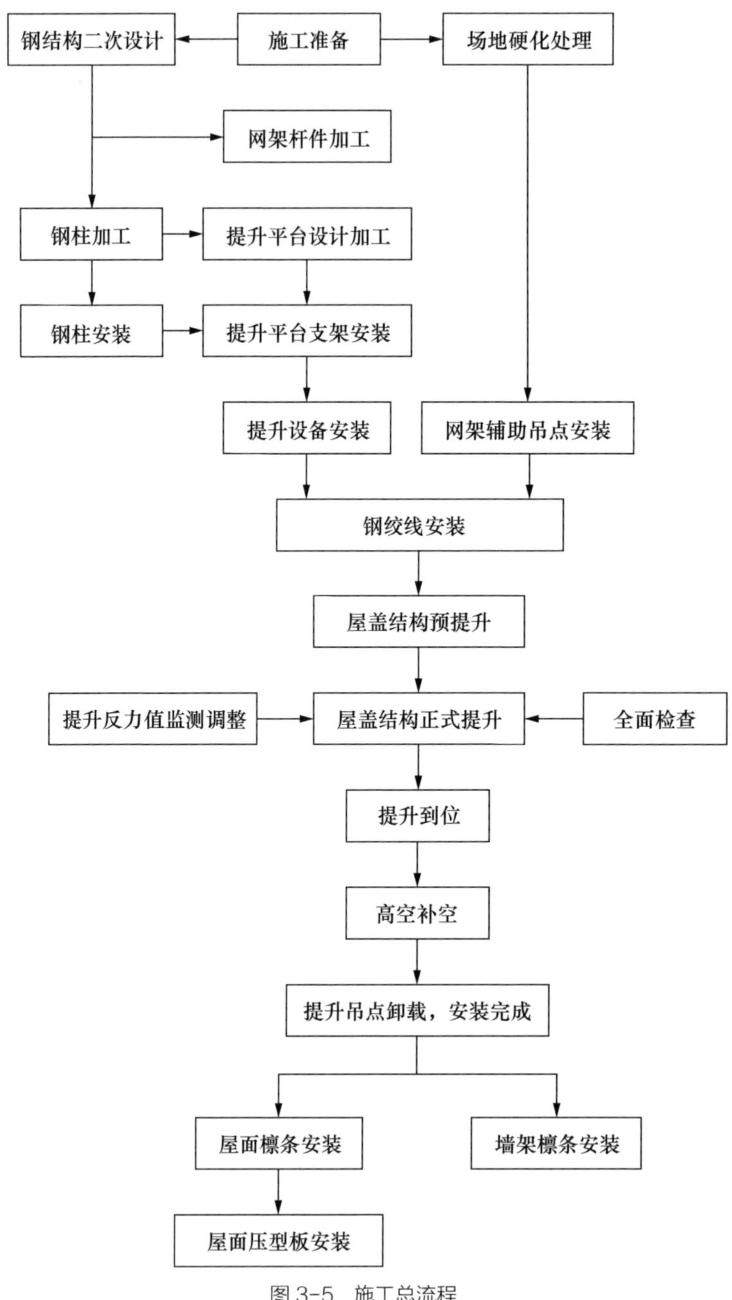

图 3-5　施工总流程

3.3.2　大跨度网架结构应力应变分析

大跨度结构一般具有自重小、阻尼小、自振频率低、模态分布密集等特点。随着跨度的增加及轻型屋面材料的应用，使得这类结构对风荷载的敏感性越来越强。大跨度结构的风荷载作用面积通常较大，所以在强风作用下常发生破坏甚至倒塌，风荷载通常能成为这类建筑结构上的控制荷载。因此，对大跨度网架结构在 8 级风作用下，结构提升时的应力应变进行了分析。

1. 受力概况

大跨度网架结构在提升阶段主要受自重和风荷载作用，主要传力构件分别是网架结构、下吊点、柱顶提升支架、原结构钢柱和基础，传力路径如表 3-8 所示。为了控制结构变形，对提升设备选型时的提升力和提升阶段结构的安全进行校核，特对大室、小室的提升点反力、网架结构变形及网架结构应力进行了计算分析，荷载组合工况及计算工况如表 3-9、表 3-10 所示。

传力路径　表 3-8

荷载	网架结构自重 / 风荷载		
编号	部件名称	计算方式	备注
1	网架结构	总体计算	
2	下吊点	局部计算	
3	柱顶提升支架	总体计算	
4	原结构钢柱	总体计算	
传往	基础		

荷载组合工况　表 3-9

计算目的	计算内容	组合工况	规范
对提升设备选型时的提升力进行校核	提升吊点反力水平、竖向位移	网架自重	《建筑结构荷载规范》GB 50009—2012
对提升阶段结构的安全进行校核	网架结构应力、提升支架结构应力	1.35t 网架自重	

计算工况　表 3-10

总体施工工况	荷载组合	统计数据
大室网架结构同步提升	网架自重	提升点反力、网架结构变形
	1.35t 网架自重	网架结构应力
小室网架结构同步提升	网架自重	提升点反力、网架结构变形
	1.35t 网架自重	网架结构应力

2. 大室网架结构同步提升工况

1）计算模型（图 3–6）

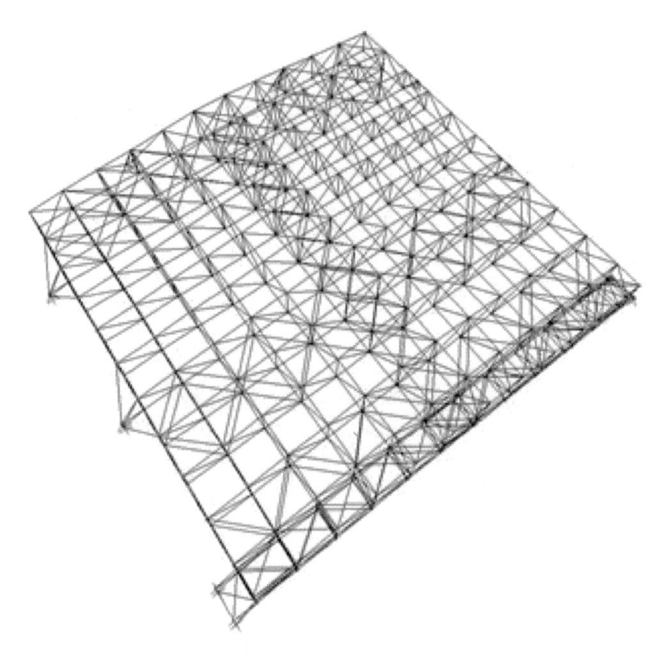

图 3–6 大室网架结构计算模型

2）提升点反力

大室网架结构提升点反力如表 3–11 所示，提升点编号示意图如图 3–7 所示。

大室网架结构提升点反力 表 3–11

提升点编号	荷载组合	F_z（kN）	提升点编号	荷载组合	F_z（kN）
TSD1	网架自重	630	TSD1′	网架自重	630
	网架自重	277		网架自重	277
TSD2	网架自重	103	TSD2′	网架自重	103
	网架自重	233		网架自重	233
TSD3	网架自重	487	TSD3′	网架自重	487
	网架自重	446		网架自重	446
TSD4	网架自重	323	TSD4′	网架自重	323
	网架自重	101		网架自重	101
TSD5	网架自重	151	TSD5′	网架自重	151
	网架自重	351		网架自重	351

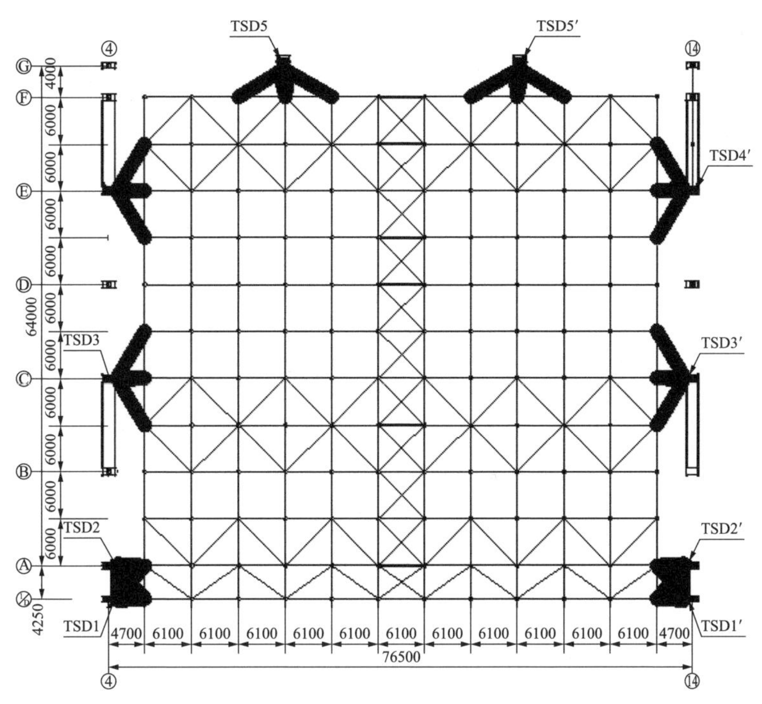

图 3-7　大室网架结构提升点编号示意图

3）大室网架结构变形

大室网架结构变形量如表 3-12 所示，结构整体变形如图 3-8 所示。

大室网架结构变形量（mm）　　表 3-12

位置	荷载工况	U_1	U_2	U_3
网架跨中	网架自重	0	-4.6	-44.7

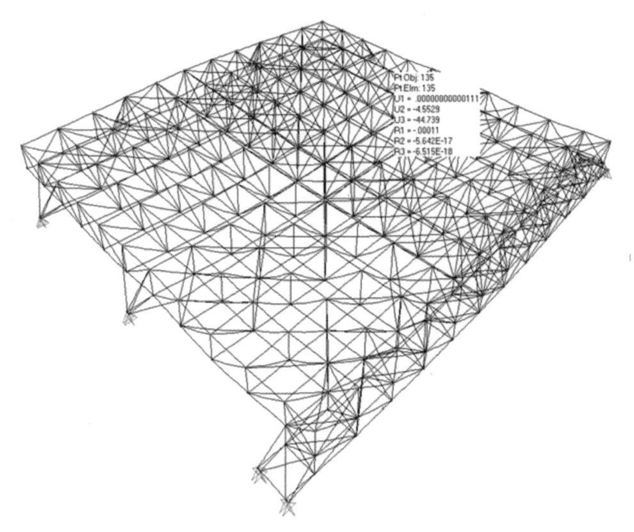

图 3-8　结构整体变形

4）大室网架结构应力

根据计算可知，大室网架结构最大应力比为 2.05，应力比超过 0.9 的杆件有 20 根，提升时需加固换杆，大室网架结构应力如图 3-9 所示。

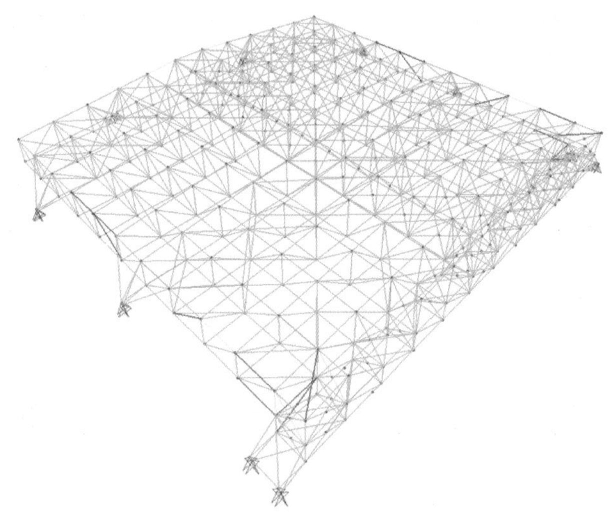

图 3-9 大室网架结构应力

综上所述，大室网架结构第一次整体提升时，提升点最大反力出现在 TSD1，为 907kN。网架最大竖向变形为 -44.7mm，网架杆件最大应力比为 2.05，应力比超过 0.9 的杆件有 20 根，提升时需加固换杆。

3. 小室网架结构同步提升工况

1）计算模型（图 3-10）

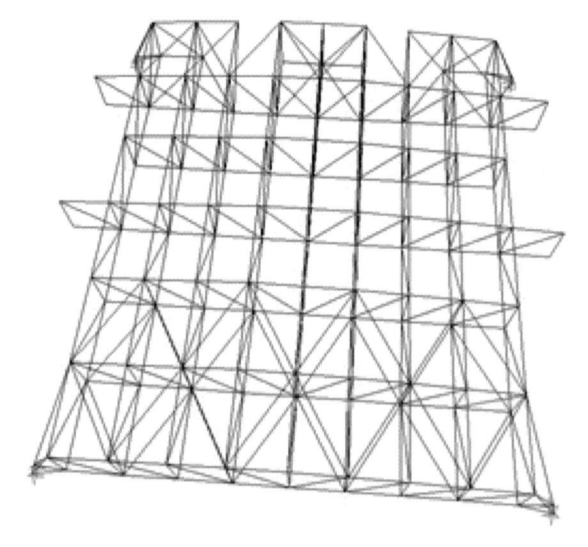

图 3-10 小室网架结构计算模型

2）提升点反力

小室网架结构提升点反力如表 3-13 所示，提升点编号示意图如图 3-11 所示。

小室网架结构提升点反力　　表 3-13

提升点编号	荷载组合	F_z（kN）	提升点编号	荷载组合	F_z（kN）
TSD1	网架自重	50	TSD1′	网架自重	50
	网架自重	222		网架自重	222
TSD2	网架自重	228	TSD2′	网架自重	228
	网架自重	-72		网架自重	-72

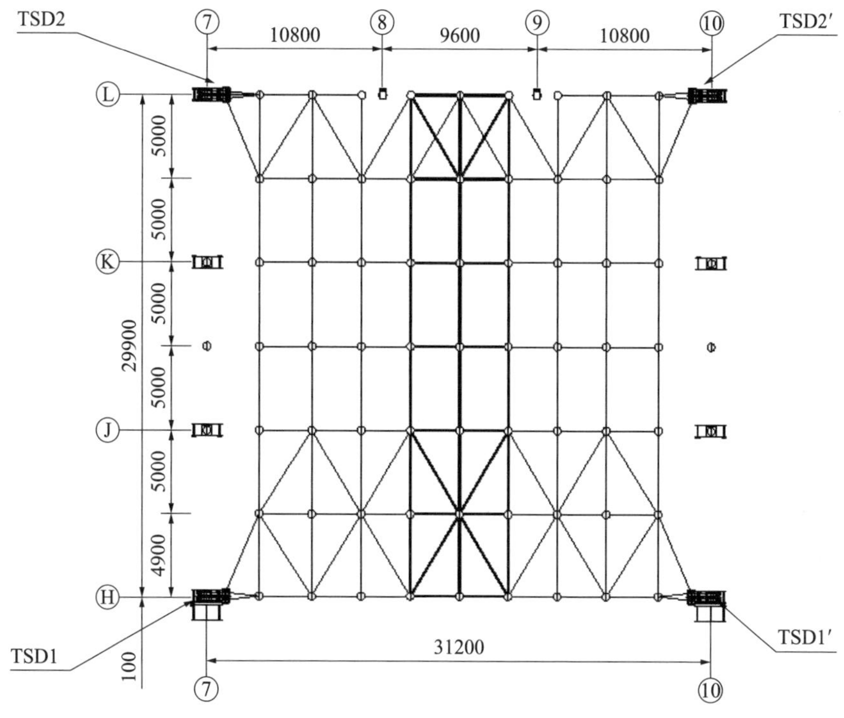

图 3-11　小室网架结构提升点编号示意图

3）小室网架结构变形

小室网架结构变形量如表 3-14 所示，结构整体变形如图 3-12 所示。

小室网架结构变形量（mm）　　表 3-14

位置	荷载工况	U_1	U_2	U_3
网架跨中	网架自重	0	0.3	-12.9

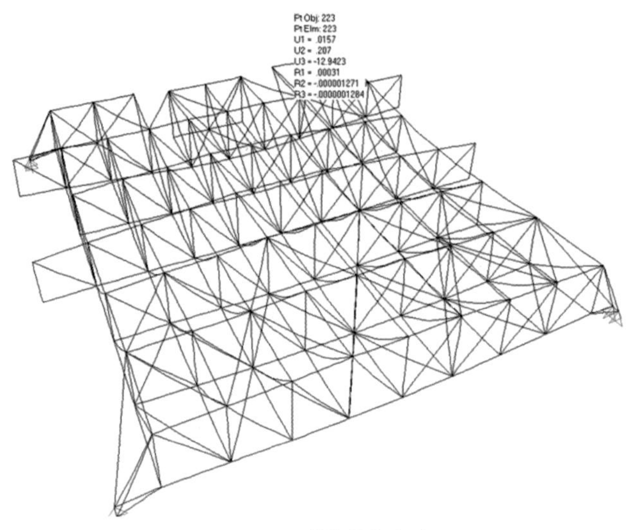

图 3-12　结构整体变形

4）小室网架结构应力

根据计算可知，小室网架结构最大应力比为 1.13，应力比超过 0.9 的杆件有 6 根，提升时需加固换杆，小室网架结构应力如图 3-13 所示。

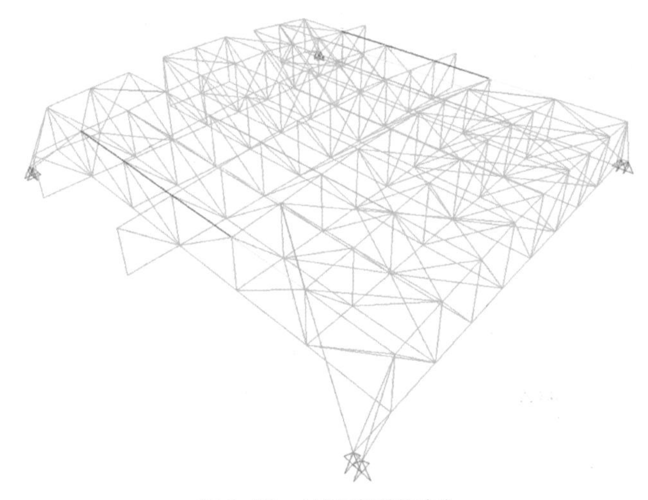

图 3-13　小室网架结构应力

综上所述，小室网架结构第一次整体提升时，提升点最大反力出现在 TSD1，为 272kN。网架最大竖向变形为 -12.9mm，网架杆件最大应力比为 1.13，应力比超过 0.9 的杆件有 6 根，提升时需加固换杆。

3.3.3　大跨度网架结构拼装及整体提升过程智能化模拟

大跨度屋盖的施工具有跨度大、支座形式复杂、平面尺寸大等特点，需要提高空间钢结构施工控制的精细化程度，进而对施工过程的分析和施工技术的革新提出了更高的要求。因此，需要预先针对大跨度网架结构拼装及整体提升过程进行智能化模拟。

1. 网架安装

1）网架吊点设置

提升吊点的布置要根据网架结构特点和支承特点，通过专业结构软件分析受力情况，保证提升状态的结构受力情况和实际使用状态的结构受力情况基本吻合。提升结构共布置 14 个提升点，其中大室网架结构布置 10 个提升吊点，小室网架结构布置 4 个提升吊点。大室、小室的网架结构提升点布置图如图 3–14、图 3–15 所示。

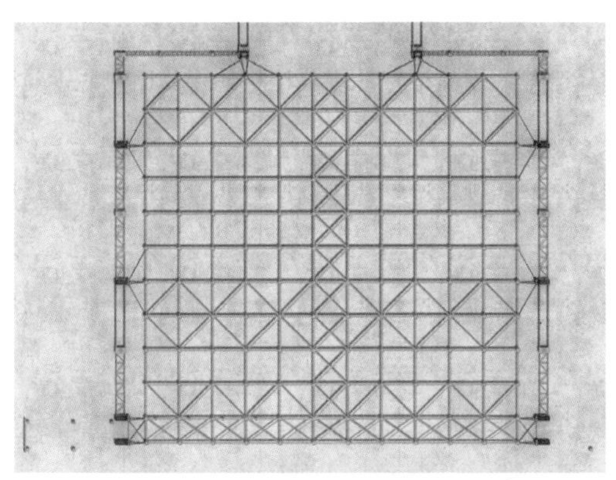

图 3–14　大室网架结构提升点布置图

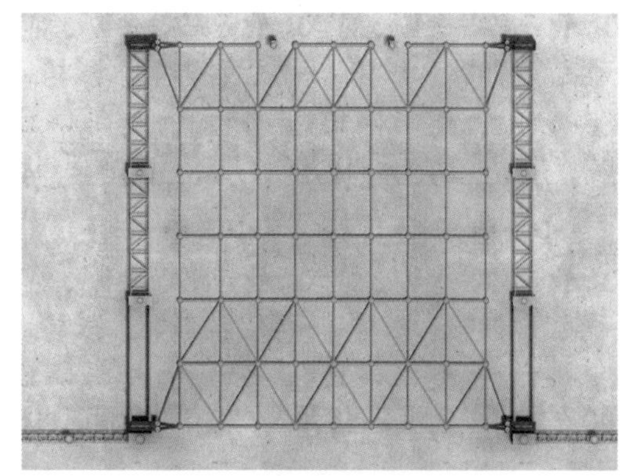

图 3–15　小室网架结构提升点布置图

在提升吊点确定后，确定各提升吊点的提升力，并以此为确定提升油缸型号和数量的依据，提升油缸的布置应考虑以下原则：

（1）根据网架结构形式和支承结构形式对称布置，尽量减小提升平台的偏心受压；

（2）在自重作用下的提升平台支座反力；

（3）选择常用的提升油缸规格；

（4）考虑 1.5 倍提升储备系数。

综上所述，最终确定每个提升点设置两台油缸。

2）上、下吊点形式

网架上吊点采用双肢格构型钢柱与悬挑梁的形式。提升准备时安装支架立柱和悬挑梁，并按要求焊接牢固。提升下吊点用于安装锚具，通过钢绞线与上吊点进行连接，提升器的提升力主要通过上吊点—钢绞线—锚具—支承结构—网架的途径传递，实现结构的整体提升。网架吊点采用增加临时节点钢球和辅助杆件的形式。为便于提升到位后的补空安装，吊点设置在无纵向下弦杆处，避让下弦杆的补空安装。网架上、下吊点示意图如图 3–16、图 3–17 所示。

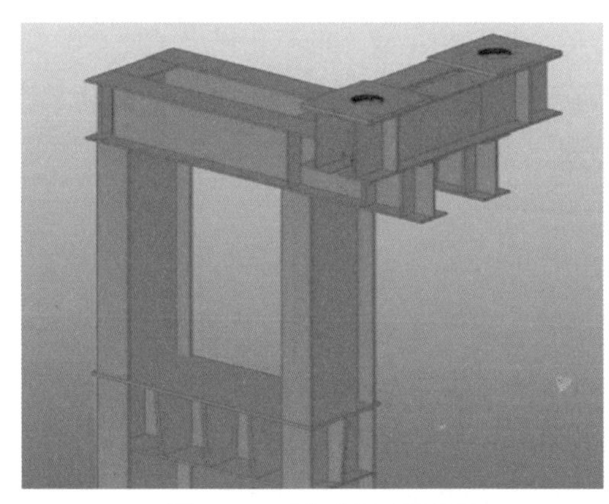

图 3-16 网架上吊点示意图

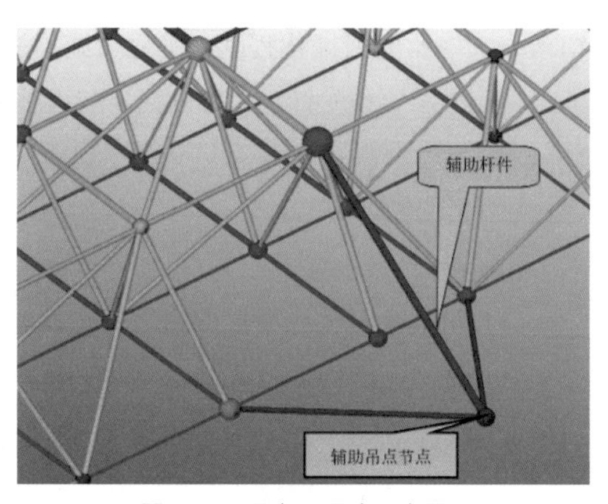

图 3-17 网架下吊点示意图

3）网架拼装、提升过程（表 3-15）

网架拼装、提升过程 表 3-15

① 确定好安装状态网架下弦支承标高，放线定位下弦球位置，形成下弦斜放轴线网络，支承点用 400mm×400mm×500mm 混凝土支墩，上设钢管支座，用钢管长度确定节点标高
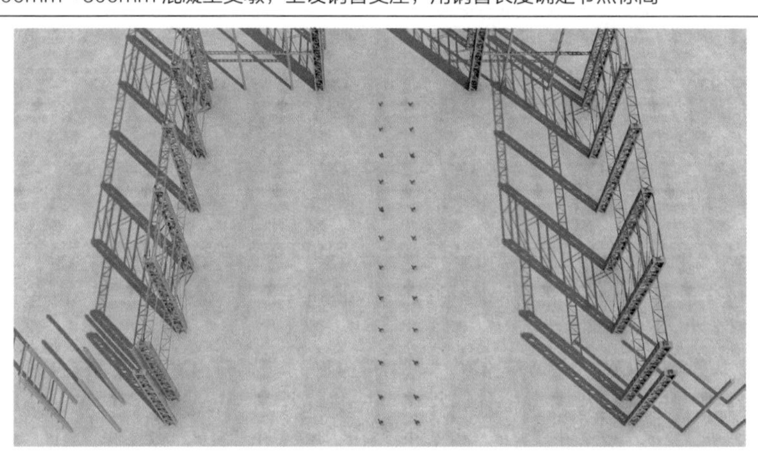
② 拼装用临时支承支架定位下弦球节点，逐个安装下弦杆。首先形成下弦平面结构

续表

③ 散拼四角锥单元体与上弦杆件、下弦球进行拼接，形成正放下弦网格加局部锥体的结构形式，并向两边扩散拼装

④ 逐次向两边扩散拼装

⑤ 向两边扩散拼装

续表

⑥ 直至地面网架拼装完毕，并安装提升支架

⑦ 安装提升吊点
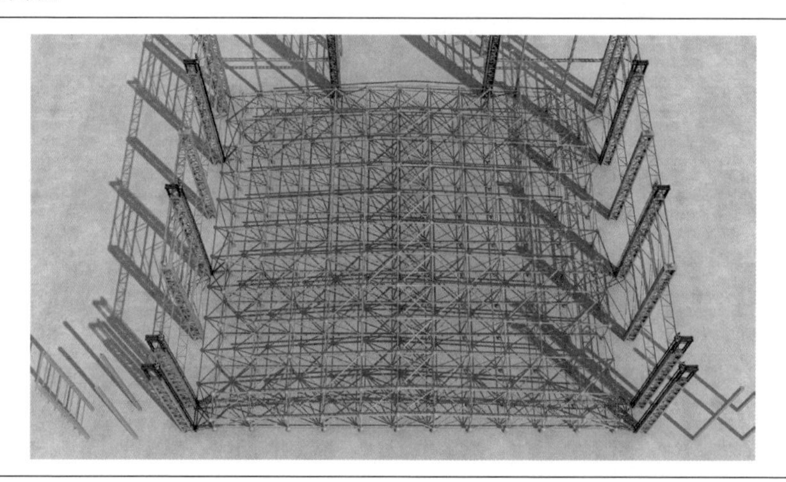
⑧ 网架开始提升

续表

⑨ 网架提升一定高度，开始拼装门头下层钢梁

⑩ 门头下层网架拼装完毕，开始提升

⑪ 网架提升至设计标高

4）网架补空过程（表 3–16）

网架补空过程 表 3–16

① 整体结构提升到位，测量、调整网架形成的屋盖结构空间处于正确的设计位置，用 5t 捯链在三条边上各拉设 3 个点，固定好结构轴线位置，标高通过提升器控制锁死

② 借助柱间支撑及钢管操作架，安装相邻吊点之间的下弦杆件形成网格

③ 补空腹杆及上弦球

续表

④ 补空上弦杆件

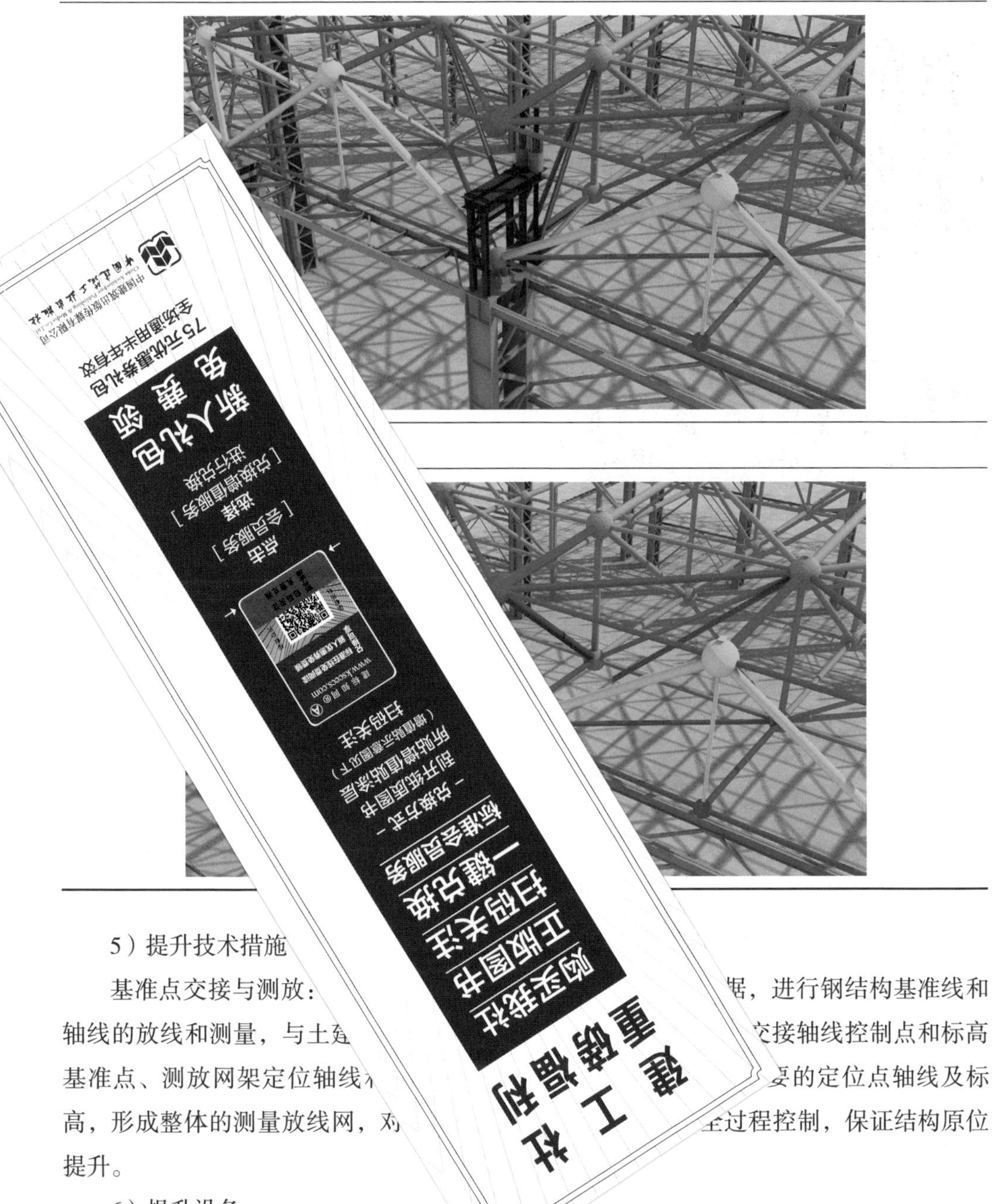

5）提升技术措施

基准点交接与测放：……据，进行钢结构基准线和轴线的放线和测量，与土建……交接轴线控制点和标高基准点、测放网架定位轴线……要的定位点轴线及标高，形成整体的测量放线网，对……全过程控制，保证结构原位提升。

6）提升设备

液压提升器为定型产品（图 3–18），液压提升器两端的楔形锚具具有单向自锁功能。当锚具工作时（紧），会自动锁紧钢绞线；锚具不工作时（松），放开钢绞线，钢绞线可上下活动。液压提升过程及原理如图 3–19 所示。当液压提升器周期重复动作时，被提升重物则一步步向前移动。

图 3-18 液压提升器

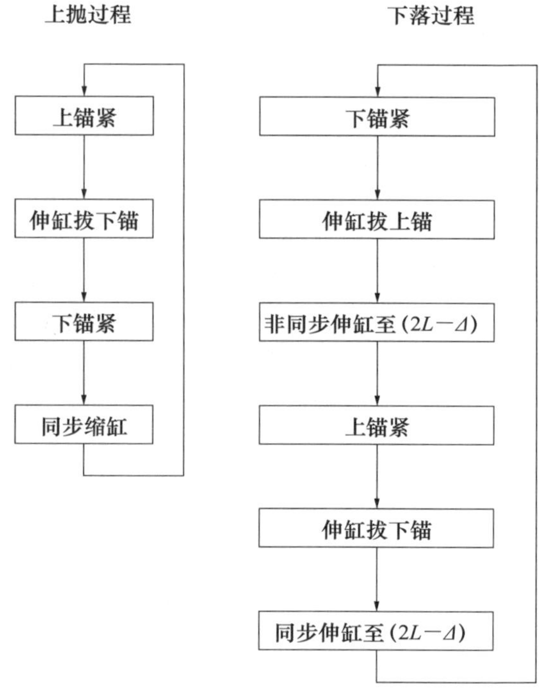

图 3-19 液压提升过程及原理

7 ）钢绞线

钢绞线及提升油缸是系统的承重部件，用来承受提升构件的重量。采用高强度低松弛预应力钢绞线，公称直径为 15.24mm，抗拉强度为 1860N/mm^2，破断拉力为 260.7kN，伸长率在 1% 时的最小载荷为 221.5kN，重量为 1.1kg/m。

8 ）油缸

大室网架结构屋盖总重约 620t，共布置 10 个提升点，每个提升点设置 2 台 100t 油缸，共 20 台 100t 油缸。小室网架结构屋盖总重约 65t，共布置 4 个提升点，每个提升点设置 2 台 100t 油缸，共 8 台 100t 油缸。

2. 整体提升

1 ）钢绞线安装

根据各点的提升高度，考虑提升结构的状况，切割相应长度的钢绞线。钢绞线左、右旋各一半，要求钢绞线两头倒角、不松股，将其隔开一定距离平放地面，理顺。将钢绞线穿在油缸中，上下锚一致，不能交错或缠绕，每个油缸中的钢绞线左右旋相交。钢绞线露出油缸上端 300mm；压紧油缸的上下锚；将钢绞线的下端根据油缸的锚孔位置捆扎做好标记；用塔式起重机将穿好钢绞线的油缸安装在提升平台上；按照钢绞线下端的标记，安装钢绞线地锚，确保从油缸下端到地锚之间的钢绞线不交叉、不扭转、不缠绕；安装地锚时，各锚孔中的三片锚片应能均匀夹紧钢绞线；其高差不得大于 0.5mm，周向间隙误差小于 0.3mm；地锚压板与锚片之间应有软材料垫片，以补偿锚片压紧力的不均匀变形。

梳导板和安全锚就位：为了保证钢绞线在油缸中的位置正确，在安装钢绞线之前，每台油缸应使用一块梳导板；安装安全锚的目的是油缸出现故障需要更换时使用，另外它也可以起安全保护作用；梳导板和安全锚在安装时，应保证与油缸轴线一致、孔对齐。

油缸安装以及钢绞线的梳导：所有油缸正式使用前，应经过负载试验，并检查锚具动作以及锚片的工作情况；油缸就位后的安装位置应达到设计要求，否则要进行必要的调整；油缸自由端的钢绞线应进行正确的导向；钢绞线预紧，在地锚和油缸钢绞线穿好之后，应对钢绞线进行预紧，每根钢绞线的预紧力为 15kN。

2）液压提升器安装

用吊车将提升器吊装到位，垂直放置到吊点设计位置，进行加固。下吊点锚具焊接固定到网架的辅助下吊点节点上。液压提升器和下锚具的中心轴线在垂直方向应重合。布设泵源系统及液压油路，注意避让结构的提升空间。

3）液压提升系统

液压提升系统中所有组件、部件必须经过严格的检测才能进场使用。应保存所有的试验原始记录。液压提升装置系统安装完成后，按下列步骤进行调试：

（1）检查泵站机组上所有阀或硬管的接头是否有松动，检查溢流阀的调压弹簧是否处于完全放松状态；

（2）检查泵站机组与液压提升器之间电缆线的连接是否正确；

（3）检查泵站机组与液压提升主油缸之间的油管连接是否正确；

（4）系统送电，检查液压泵主轴转动方向是否正确；

（5）在泵站机组不启动的情况下，手动操作控制柜中的相应按钮，检查电磁阀和截止阀的动作是否正常，截止阀编号和提升器编号是否对应；

（6）检查传感器（行程传感器，位移传感器）；

（7）液压提升前检查：启动泵站机组，调节一定的压力（5MPa 左右），伸缩提升油缸；检查 A 腔、B 腔的油管连接是否正确；检查截止阀能否截止对应的油缸；检查比例阀在电流变化时能否加快或减慢对应油缸的伸缩速度；

（8）预加载：调节一定的压力，使锚具处于基本相同的锁紧状态。

3. 提升控制

1）预提升

网架在具备整体液压提升条件之后，进行分级加载预提升。通过预提升过程中对钢网架结构、提升设施、提升设备系统的观察和监测，确认符合模拟工况计算和设计条件，保证提升过程的安全。待系统检测无误后开始正式提升作业。通过计算确定液压提升器所需的伸缸压力（考虑压力损失）和缩缸压力。钢网架结构开始同步提升时，液压提升器伸缸压力逐渐上调，依次为所需压力的20%、40%，在一切都正常的情况下，可继续加载到60%、80%、90%、100%。钢网架结构即将离开时暂停提升，保持提升系统压力。对液压提升设备系统、结构系统进行全面检查，在确认整体结构的稳定性及安全性绝无问题的情况下，才能继续提升。

2）监测

提升过程的结构监测是提升技术安全的保障措施，在提升过程中非常重要。监测的主要目的有两点：监测提升过程中屋盖结构的变形是否在设计的允许挠度范围内和监测提升过程中作为提升支撑构件的水平、竖向位移是否在施工方案控制范围内。整个提升过程中的监测，分两个阶段进行：试提升过程的离地监测和提升上升过程的监测。监测的部位分为三部分：被提升结构跨中监测、提升点的行程监测和网架支撑柱顶部水平位移监测。

试提升时，三边所有提升点先离地时，最后离地的是跨中挠度最大的点。待所有结构构件完全离地后，继续向上提升5mm，静止观测8h后，方可继续提升。悬停期间主要观测支撑排架柱的水平、竖向位置，提升平台的水平、竖向位移以及基础沉降。

提升结构在离地（脱离胎架）时，应对提升点的位移、应力应变、结构变形、各提升点提升荷载、基础沉降、现场风速进行检测。

4. 正式提升过程

（1）在一切准备工作做完之后，且经过系统的、全面的检查无误后，现场吊装总指挥检查并发令后，才能正式进行提升作业。

（2）在钢网架整体液压同步提升过程中，注意观测设备系统的压力、荷载变化情况等，并认真做好记录工作。

（3）在液压提升过程中，测量人员应通过测量仪器配合测量各监测点位移的准确数值。

（4）液压提升过程中，应密切注意液压提升器、液压泵源系统、计算机同步控制系统、传感检测系统等的工作状态。

（5）现场无线对讲机在使用前，必须向工程指挥部申报，明确回复后方可使用，通信工具由专人保管，确保信号畅通。

（6）钢结构整体提升高度应到下弦标高27.000m，提升过程中夜间及其他特殊情况时需要空中停留。液压同步提升器在设计中独有的机械和液压自锁装置，具有逆向运动自锁性，三道锚具锁紧装置分别为天锚、上锚及下锚，在构件停止提升过程中，各锚具均由液压锁紧状态转换为机械自锁状态，以保证钢结构在空中长时间停留的安全。对于网架结构，风荷载对提升吊装过程影响较小，为确保钢结构提升过程的绝对安全，在结构空中停留时，或遇到五级以上风力影响时，暂停吊装作业，提升设备锁紧钢绞线。同时，通过 5t 捯链将钢网架结构与周边框架结构连接，起到限制钢结构水平摆动和位移的作用。

（7）提升过程中，使用测量仪器对被提升结构进行高度和高差的监测，并实时调整，以保证各提升点的同步性满足要求。各提升点的提升荷载或高差出现异变，或被提升结构的变形超出相应值时，应立即停止提升。还应在提升过程中对提升通道进行连续观测。当提升通道出现障碍物时应停止提升，采取措施清除障碍物后方可继续提升。

5. 提升定位安装

为保证屋盖钢结构的精确就位，在提升过程中时刻监测屋盖的空中姿态，一旦发生漂移立即采取措施纠正。在屋盖上共布置 12 个监测点，用两台全站仪进行监测，掌握提升及定位过程中的同步度、标高差及挠度情况，这样可以比较全面地监控屋盖在提升及就位过程中的空中姿态。网架提升到位后，复核网架的位置。满足规范要求后，锁紧千斤顶，进行合龙构件的安装。

6. 下挠变形观测

（1）分别在网架预提升悬停阶段、提升到位安装完成后及屋面工程施工完毕后进行挠度检测，预提升悬停阶段采用水准仪和悬挂钢尺检测的方法，网架就位后采用水准仪及红外线测距仪结合检测的方法。对于桁架，通过对主桁架脱离支架前后若干节点标高变化的观测，测定主桁架下挠变形情况。

（2）大、小室屋盖钢结构施工应起拱。大室屋盖网架最大计算挠度为 231mm，恒载下网架最大计算挠度为 151mm。施工控制严格按设计标准考虑施工方案中的保证措施。

3.3.4　结构关键部位施工

1. 格构柱的安装

格构柱的安装步骤主要分为：

（1）格构柱采用插入式柱脚做法，故安装钢柱前应对基础轴线进行复核，对偏差较大的基础应进行相应的处理；

（2）构件吊装时，应采取适当措施防止产生过大的变形，同时应将绳扣与构件的接触部位加垫块垫好，以防止磕伤构件；

（3）格构柱长度最长为 29.3m，重量约为 9.7t。由于运输困难采取钢柱分段，现场吊装拼接。选用 50t 吊车进行吊装。格构柱安装步骤流程如表 3-17 所示。

格构柱安装步骤流程 表 3-17

① 用预先制作的钢垫块铺在杯口底部，严格控制钢柱标高

② 钢柱采用单点吊装，吊装采用旋转回直法，严禁根部拖拉，吊点位置在格构柱肩梁处，首先吊装下节钢柱

续表

③ 下节钢柱放入杯口，底部一侧外缘与格构柱控制线对齐，两侧中线对齐底部轴线，然后杯口上部使用钢楔子顶紧钢柱，最后用石块固定杯口底部钢柱四角

④ 同时用两台经纬仪架设在钢柱横轴和纵轴方向观测钢柱垂直度，通过敲击钢柱杯口四侧钢楔子来调整垂直度，直到符合规范要求

续表

⑤ 下节钢柱校验完成后使用缆风绳固定钢柱的四个方向，防止钢柱倾倒，及时浇筑混凝土，待下节钢柱稳定后，吊装上节钢柱进行高空对接，可有效防止钢柱变形

格构柱安装技术措施主要包括以下几个方面：

（1）钢柱安装选用机械和索具，吊装机械选用 50t 吊车，安装前应在地面把钢梯安装在钢柱上，必要时可同时在旁边辅以登高防坠器，供登高作业使用。

（2）钢柱采用单点吊装，吊装采用旋转回直法，严禁根部拖拉，吊点位置在格构柱的肩梁处，为提高吊装效率，在堆放钢柱时应使柱的绑扎点、柱脚中心和基础杯口中心三点共圆弧，该圆弧的圆心为吊机的停点，半径则为停点至绑扎点（格构柱的肩梁处）的距离。

（3）起吊时吊机将绑扎好的柱子缓缓吊起离地 200mm 后暂定，检查吊索是否牢固和吊车是否稳定，同时打开回转刹车，然后将钢柱下放到离杯口基础上空 500mm 的位置，这时操作人员应各自站好位置，稳住柱脚并将其插入杯口缓慢送到杯底，刹住车，插入 8 个楔子。此时指挥人员应目测柱的几个面的垂直度，并通过吊机操作使柱身大致垂直。

（4）用撬杆撬动或用大锤敲打楔子，使柱身中心线对准杯底中心线。对线时，应先对准两个翼缘面，然后平移柱对准腹板面。

（5）落钩将柱放到杯底，并复查对线。此时应注意将柱脚确实落实，否则，架高的柱子在校正时，容易倾倒。然后打紧四周楔子，应四人同时在格构柱两柱底的两侧打；一人打时，转圈分 4～5 次逐步打紧，否则楔子对柱产生的推力较大，可能使已对好线的柱脚走动。

（6）先落吊杆，落到吊索松弛时再落钩，随即用坚硬的石块将柱脚卡死，每边卡两点并要卡到杯底，不可卡在杯口中部。

（7）楔子最好用钢楔，斜度与杯口壁应基本一致。

2. 柱间屈曲约束支撑的安装

屈曲约束支撑通过在普通支撑外围合理设置约束机构，限制其受压屈曲而不限制其轴向变形，最终实现受拉、受压全截面屈服而支撑不屈曲的目的。屈曲约束支撑通过其自身刚度和先于结构主体屈服产生的滞回耗能来减轻甚至避免主体在地震中的损坏。大型全机气候环境实验室工程屈曲约束支撑安装形式采用倒V形。主要安装措施包括以下几个方面：

（1）安装前，首先应对构件的质量进行检查。屈曲约束支撑的安装在柱以及柱间压杆已经就位的前提下进行吊装，其安装工艺流程为：绑扎→起吊→就位→临时固定→校正→最后固定。

（2）绑扎和起吊：屈曲约束支撑吊点或者绑扎位置应设置在外部钢套管上，且注意构件外部的保护。吊装方式类似梁的平吊方法，以避免支撑两端的连接端板拖地变形影响安装就位。

（3）就位和临时同定：在屈曲约束支撑吊至安装点附近后，支撑的就位通过吊索中滑轮的伸缩调整安装角度，然后通过绳索牵拉支撑下端到达安装部位的方式完成屈曲约束支撑下端的就位工作。支撑上端通过预先设置临时支撑或支架临时就位。

（4）安装精度的控制：大型全机气候环境实验室工程中，屈曲约束支撑的安装精度由柱和柱间压杆缀条的安装精度控制。

3. 屋面支撑系统安装

1）屋面概况

根据总体施工方案情况，屋盖屋面主檩条及大门桁架的墙架在地面已安装完成，随网架结构整体提升到位。高空安装的内容主要有：主试验室主体的次檩条及屋面，周边网架后安装部分的墙架、墙檩，大门桁架外侧面的檩条，A、B区钢结构的檩条。

2）材料进场及吊运

（1）在屋面系统的材料进场之前，必须做到堆场坚实、排水通畅，临时道路平整，以满足材料堆放和运输要求。

（2）现场应该设临时仓库或活动工具房以储存小件或散件。

（3）材料进场后，应按出厂标识分类堆放整齐、用方木垫好，严禁扭曲放置或浸泡于水中；屋面板材料堆放不宜超过三层，支点须在同一垂直面内；不得在板上行走；底板、面板卸车时，应注意不得使钢丝绳与板材直接接触，且必须单包卸车。

（4）檩条等构配件应注意防水、防潮，应有防雨措施，遇天阴下雨应立即覆盖好。

（5）次檩条、屋面板材料进场后，应根据其安装的实际位置按编号顺序堆放，如需二次倒运亦需按一定的顺序排列堆放，以便安装时就手取用，提高工效。

（6）屋面材料的垂直运输采用塔式起重机或履带式起重机，因施工现场的条件限制，不可能一次到位，水平转运采用人工搬抬的办法进行，包括在网架之上的构件转运。

（7）屋面板吊装采用整捆吊运，吊具与板材接触部位进行防护，避免造成板材损坏。

（8）起吊措施：为了防止起吊时构件发生过大变形，采取利用钢扁担的措施，以保证构件、衬板、面板平稳吊运。

3）檩条安装

（1）次檩条通过连接板与主檩条（钢架）连接，安装时应按照图纸施工，保证主檩条安装的平直度，注意控制间距和旁弯。主檩连接螺栓必须上紧，连接可靠。

（2）安装时注意区分檩条编号，不可装错或混乱，保证各种固定孔位置的准确性。

（3）安装时注意保护檩条成品，避免脏物污染、变形损伤。

4）屋面板安装

（1）第一块板的安装位置必须准确，应拉通线排布，直线度和与安装轴线的平行度必须满足要求。

（2）安装面板固定座以及铺面板同步流水进行作业。须控制固定座安装在同一直线，误差不超过 2mm，用自攻螺栓将其固定于檩条上。

（3）屋面板横向搭接处安装时须认真施工，按设计要求使用胶带或管胶，所有要求涂抹胶的部位都必须涂抹均匀和饱满；所有螺栓、铆钉均应按要求使用，必须紧(铆)固牢靠。

（4）屋面板纵向搭接处，应确保纵向扣边平整、均匀严密。搭接缝应紧密平滑，螺栓位置成一条线，保持美观外形。

（5）面板安装完成后，在屋脊处采用专用折边工具对屋脊面板上折，一般为 45°～60°，起到止水、挡水的作用；对檐口面板下折，一般为 30°～45°，使屋面向天沟落水顺畅。屋脊盖板安装各段搭接方向应正确，搭接密封处理应良好。

（6）由于屋面板上涂有油膜保护层，施工时应特别注意防滑，严禁在没有保护的情况下站立于边缘部位。人员不得集中于屋面板上一处，特别是处于两相邻檩条支撑的中间，严禁站立于波峰上，否则会导致屋面板的损坏。

（7）天沟安装应按设计施工，钢天沟上、下托架固定在檐口次檩条上，天沟按设计要求进行对焊接，连为整体，构件之间遵循正确的位置搭接关系及顺序进行安装。

（8）注意按图纸要求安装屋面板下堵条，天沟泛水处理要认真施作，避免安装时埋下质量隐患。

（9）整个屋面系统安装完成后，要对屋面上的所有废弃物进行彻底清扫，防止镀铝锌屋面板被腐蚀污染。

屋面板安装时所需的材料要求、施工要点，压型金属板的堆放、吊装及安装要点如表 3–18～表 3–21 所示。

屋面板安装时所需的材料要求　表 3–18

序号	材料要求
1	压型金属板和连接件等的品种、规格以及性能应符合设计要求和国家现行有关标准的规定，供货方供货时应提供质量证明书、出厂合格证和复检报告
2	压型金属板到场后，按照要求堆放，并且必须采取保护措施，防止损伤及变形；无保护措施时，避免在地面开包，转运过程要用专用吊具进行吊运，并做好防护措施
3	材料及机具：压型金属板施工使用的材料主要是自攻螺栓，所有材料均应符合有关的技术、质量和安全的专门规定，局部切割采用机械切割机

屋面板安装时施工要点　表 3–19

序号	施工要点
1	压型金属板在吊装、拆卸、安装中严禁用钢丝绳捆绑直接起吊，运输及堆放应有足够支点，以防变形
2	铺设前应对弯曲变形的压型金属板进行校正
3	功能结构顶面要保持清洁，严防潮湿及涂刷油漆未干
4	下料、切孔采用切割机进行切割，严禁用氧气乙炔火焰切割；大孔洞四周应补强
5	压型金属板按图纸放线安装、调直、压实并固定牢靠
6	压型金属板铺设完毕、调直固定后应及时用锁口机具进行锁口，防止由于堆放施工材料和人员交通造成压型金属板咬口分离
7	安装完毕，及时清扫施工垃圾，剪切下来的边角料应收集到地面上集中堆放
8	加强成品保护，铺设人员交通马道，减少人员在压型金属板上不必要的走动，严禁在压型金属板上堆放重物

压型金属板的堆放、吊装　表 3–20

序号	堆放、吊装注意事项
1	压型金属板运至现场，需妥善保护，不得有任何损坏和污染，特别是不得沾染油污。堆放时应成捆离地斜放以免积水
2	吊装前先核对压型金属板捆号及吊装位置是否正确，包装是否稳固
3	起吊时每捆应有两条钢丝绳分别捆于两端 1/4 钢板长度处。起吊前应先行试吊，以检查重心是否稳定，钢索是否会滑动，待安全无虑时方可起吊
4	压型金属板在吊装、拆卸时采用皮带吊索，严禁直接用钢丝绳绑扎起吊，避免压型金属板变形

压型金属板的安装要点 表 3-21

序号	安装要点
1	压型金属板平面施工顺序：铺设应从起始位置向一个方向铺设，随主体结构安装施工顺序铺设相应的压型金属板
2	压型金属板铺设前，应按图纸所示的起始位置放设铺设时的基准线。根据基准线安装第一块板，将其板边与檩条固定，确保在高空施工时压型金属板的抗拉承载力大于空气产生的吸引力。再依次安装其他板，每铺设一块便固定一块
3	压型金属板连接采用扣合方式，板与板之间的拉钩连接应紧密，同时要注意排布方向要一致
4	平面形状变化处切割前应对咬切割的尺寸进行放线并检查复核。可采用机械切割，切割时尽量选择接点部位，但必须满足设计搭接要求
5	跨间收尾处，若板宽不足整板，可将压型金属板沿长度方向切割，至少保留一个波峰、波谷
6	严格按照图纸及相应规范的要求来调整位置，板的直线度误差为 10mm，板的错口要求小于 5mm
7	压型金属板铺设好后，应做好成品保护，避免人为的损坏，禁止堆放杂物

屋面板安装的质量措施主要包括以下几个方面：

（1）檩条系统安装完后、屋面板安装前，须对主、次结构进行隐蔽验收。因为当板材安装完毕后，檩条系统被覆盖，结构将无法进行调整，故此项工作必须在安装板材前完成。

（2）屋面板安装应每隔约 10m 测量面板安装覆盖宽度，以便控制误差并及时调整，消除积累误差。

（3）自攻螺栓打入应垂直支承面，紧固牢靠且垫圈必须完整。

（4）对搭接和密封的任何疏忽必将导致屋面漏水。由于屋面系统的防水主要是通过其面板层的整体密闭性保证的，故而，屋面板安装时板与板之间的侧向扣接及纵向搭接接缝处密封胶的敷设是防水的关键控制点。施工前必须仔细阅读图纸，严格遵循施工图的要求，施工时由专人负责，对扣接间隙及搭接长度、密封条、密封胶的敷涂等进行详细检查，并做好记录，满足要求后方可固定。严禁错、漏密封。

（5）屋面泛水的作用为收口、修饰和挡水。该项工作非常重要也费工，施工时应严格按照图纸的要求进行。因为不当的工序安排、操作马虎、敷衍都可能造成漏水以及影响美观。屋面成品保护必须引起高度重视，屋面系统的材料为镀铝锌材料，切忌硅酸盐类材料或铁屑等散落于屋面板上，避免腐蚀镀层。在屋面上切割及打入自攻螺栓时产生的金属屑应及时清扫，以免生锈或踩踏造成屋面损坏。屋面操作人员应穿软质平底防滑鞋，每天上屋面前应用毛刷清理鞋底，以免损坏面漆。屋面上的油污及水应及时擦掉。严格控制其他施工单位在屋面上及周边交叉作业，以避免对屋面造成损坏，否则会直接导致屋面漏雨，并且有些将留有潜在的隐患，将对整个屋面的使用寿命构成威胁。

3.3.5 防腐修补与面漆涂装

钢结构构件除现场焊接部位不在制作厂涂装外，其余部位均在制作厂内完成底漆、中间漆涂装，所有构件面漆待钢构件安装后进行涂装。

1. 补涂部位

钢结构构件运输后需对构件破损涂层进行现场防腐修补，修补之后才能进行面漆涂装。

2. 防腐涂装顺序

由于运输过程和现场安装可能造成构件涂层破损，所以，在钢构件安装前和安装过程中，随安装进度逐步施工完成，每个施工区域在立面从上至下逐层涂装，在平面上按一侧向另一侧进行涂装。

3. 施工工艺（表 3-22）

施工工艺　　表 3-22

工序名称	施工工艺
涂装材料要求	现场补涂的油漆与制作厂使用的油漆相同，由制作厂统一提供，随钢构件分批进场
表面处理	采用电动、风动工具等将构件表面的毛刺、氧化皮、铁锈、焊渣、焊疤、灰尘、油污及附着物彻底清除干净
涂装环境要求	涂装前，除了底材或前道涂层的表面要清洁、干燥外，还要注意底材温度要高于露点温度3℃以上。此外，应在相对湿度低于 85%的情况下进行施工
涂装间隔时间	经处理的钢结构基层，应及时涂底漆，间隔时间不超过 5h； 一道漆涂装完毕后，在进行下道漆涂装之前，一定要确认是否已达到规定的涂装间隔时间，否则不能进行涂装； 如果在过了最长涂装间隔时间以后再进行涂装，则应该用细砂纸将前道漆打毛后，并清除尘土、杂质以后再进行涂装
涂装要求	在每一遍通涂之前，必须对焊缝、边角和不宜喷涂的小部件进行预涂

4. 涂层检测（表 3-23）

涂层检测　　表 3-23

名称	涂层检测
检查工具	漆膜检测工具可采用湿膜测厚仪、干膜测厚仪
检测方法	油漆喷涂后立即用湿膜测厚仪垂直按入湿膜直至接触到底材，然后取出测厚仪读取数值

续表

名称	涂层检测
膜厚控制原则	膜厚的控制应遵守两个“90%”的规定，即90%的测点应在规定膜厚以上，余下的10%的测点应达到规定膜厚的90%。测点密度应根据施工面积的大小而定
外观检验	涂层均匀，无起泡、流挂、龟裂、干喷和掺杂物现象

5. 注意事项（表3-24）

注意事项　　表3-24

序号	注意事项
1	配制油漆时，地面上应垫木板或防火布等，避免污染地面
2	配制油漆时，应严格按照说明书的要求进行，当天调配的油漆应在当天用完
3	油漆补刷时，应注意外观整齐，接头线高低一致，螺栓节点补刷时，注意螺栓头油漆均匀，特别是螺栓头下部要涂到，不要漏刷

6. 防腐涂装施工质量保证措施（表3-25）

防腐涂装施工质量保证措施　　表3-25

序号	防腐涂装施工质量保证措施
1	防腐涂料补涂施工前对需补涂部位进行打磨及除锈处理，除锈等级达到St2.5的要求
2	钢板边缘棱角及焊缝区要研磨圆滑，$R=2.0$mm
3	露天进行涂装作业应选在晴天进行，湿度不得超过85%
4	喷涂应均匀，完工的干膜厚度应用干膜测厚仪进行检测

第 4 章

特殊工况混凝土地面系统施工技术

4.1 施工技术概况

4.1.1 国内外研究现状

建筑物在长期使用过程中，在内部或外部的、人为的或自然的因素作用下，随着时间的推移，将发生材料老化与结构损伤，这是一个不可逆的过程，这种损伤的累积将导致结构性能劣化、承载力下降、耐久性降低。对于新建建筑而言，在竣工之初即对其进行结构性能退化规律的研究，不仅能够掌握结构构件的性能退化规律，揭示潜在的危险，同时还能依据研究结果制定合理的使用及维护方案，提高建筑物的安全性能，延长其使用年限。

在我国，工业厂房是一种重要的构筑物，大型工业厂房且具有特殊使用功能的工业厂房承担着重要的工业作用，其土建投资往往很高，其厂房内钢筋混凝土地坪的耐久性能至关重要。大型全机气候环境实验室由于复杂恶劣的工作环境以及较大的工作荷载（如大型设备重力荷载），实验室内钢筋混凝土地坪的耐久性能从立项之初就成为值得关注的问题。其耐久性是指地坪在使用过程中抵抗外界环境和内部自身所产生的侵蚀破坏的能力。随着使用时间的推移，钢筋混凝土地坪将会出现各种各样的耐久性问题，如钢筋锈蚀、混凝土开裂、构件的冻融损伤等等，这些问题有可能会导致钢筋混凝土地坪尚未达到设计使用年限，就已经提前失效，或者说虽未达到失效标准，却存在严重的安全隐患。这些病害产生的原因很多，其中有环境因素的影响，也有飞机轮压荷载等使用条件的影响。实验室内钢筋混凝土地坪所处的工作环境条件恶劣，由环境作用引起的混凝土冻融破坏、钢筋锈蚀、机械和人为损坏等必将导致结构的性能退化，大大降低结构的使用寿命。

大型全机气候环境实验室工程使用温度为 -55～74℃，温差变化幅度高达 129℃，在如此的高、低温环境作用下，地坪混凝土极易产生冻融破坏。那么，何为冻融破坏呢？冻融破坏指的是混凝土在饱水状态下因冻融循环产生的破坏作用，混凝土的抗冻耐久性（简称“抗冻性”）是指饱水混凝土抵抗冻融循环作用的性能。混凝土处于饱水状态和冻融循环交替作用是发生混凝土冻融破坏的必要条件，因此，冻融破坏一般发生于寒冷地区经常与水接触的混凝土结构物，如水位变化区的海工、水工混凝土结构物，水池、发电站冷却塔以及与水接触部位的道路、建筑物勒脚、阳台等。国际上同类型的地面系统工程只有两个，第一个是美国于 1944 年在佛罗里达州格林空军基地修建的麦金利气候实验室，第二个是韩国于 2008 年在瑞山空军基地修建的武器装备试验中心。因涉及国家机密，环境实验室地面无相关的设计施工参考资料。而在我国东北、华北和西北地区的水利大坝，尤其是东北严寒地区的混凝土结构物，几乎全部或大面积地遭受不同程度的冻融破坏，如丰满坝、云峰坝、参窝坝等，有的工程在施工过程中或竣工后不久即发生严重的冻害。经调查，混凝土冻融破坏不仅在“三北”地区存在，而且在长江以北、黄河以南的中部地区也广泛存在。混凝土冻融循环产生的破坏作用主要有冻胀开裂和表面剥蚀两个方面。水在混凝土毛细孔中结冰造成的冻胀开裂使混凝土的弹性模量、抗压强度、抗拉强度等力学性能严重下降，危害结构物的安全。一般混凝土的冻融破坏，在其表面都可看到裂缝和剥落。由此可见，混凝土的抗冻性是混凝土耐久性中最重要的问题之一。

因此，在实验室正式施工前，建设、设计、施工单位与高校成立专门的课题组，利用气候实验室钢筋混凝土地坪实际施工时的材料及配比制作了一批混凝土试件，一部分进行标准养护，另一部分模拟实际工程的自然养护，分别到预定龄期后进行气冻气融试验。通过试验研究，掌握了钢筋混凝土地坪结构混凝土的性能退化规律，为日后正式施工提供了强有力的事实依据。

4.1.2　地坪工程概况

1. 地坪环境要求

结构所处的环境条件是影响结构耐久性的重要因素之一。工程实践表明，环境温度、湿度、风向、风速、干湿循环情况等都对混凝土碳化、钢筋锈蚀、碱骨料反应、冻融破坏等耐久性破坏的发生与发展有着重要影响。

实验室钢筋混凝土地坪由于建成后使用工作环境的特殊性，易受冻融循环作用的影响，因此，需要对实验工作环境，如气温、湿度、正负温变化规律、最高温及最低温恒温时间等进行全面的调查和分析，以此建立科学合理的试验方案。实验室在使用过程中，钢筋混凝土地坪不断经历冷热融雪等冻融和干湿交替的过程，特别是经历冷 –55℃、热74℃的极端温度变化。这些将对地坪结构主要是钢筋混凝土层造成损伤甚至破坏，经过不断的冻融循环，使地坪不能满足使用要求。钢筋混凝土地坪经常经历剧烈的温度变化（$\Delta T=$ 90℃或 –70℃），其热胀冷缩造成的变形及应力的计算及构造均十分复杂。实验室大厅地坪荷载较大（按承受 B747–400 轮压设计）。据计算，地坪蓄热量巨大，减小地坪厚度，将大幅降低设计的制冷功率，使用中也能减少大量能耗。这需要在地坪结构设计之初确定合理的耐久性生命周期和设计参数。通过试验来确定的设计参数将使结构设计更加合理、经济。

实验室建成后可以进行低温环境试验、高温环境试验、湿 / 热环境试验、淋雨环境试验、吹雨（风）试验、冻雨试验、降雪试验、太阳辐照试验以及各单项气候条件的组合条件试验。

具体使用工况如下：

实验室空载时，24h 内从室温降至 –55℃；负载时，48h 内从室温降至 –55℃。极端低温 –55℃到室温时，回温时间大约为 10d。在 –55℃极端低温环境下可以持续的时间大约为 10d，此时地坪可能湿或者有冰。其他低温环境试验时，低温段持续时间大约为 10d（其他低温段也会有持续时间，时间长短视试验情况而定；但必然有升温或降温及多个低温段的保温时间）。主试验室不做盐雾等腐蚀性试验，试验用水为当地自来水，用气为当地自然空气。

回温试验及其他试验工况：

（1）可能会根据试验情况进行多次回温，回温幅度约为10℃；

（2）在约 -20℃进行降雪试验；

（3）在约 -10℃进行冻雨试验；

（4）室温状态下进行降雨试验；

（5）主试验室内最高使用温度74℃；

（6）温度为52℃时，最大湿度95%进行高温高湿试验；

（7）没有温度冲击试验，但主试验室在低温或高温工况下，会有温差较大的外界气体进入；

（8）主试验室低温状态下最严酷的温度冲击是：室内 -55℃时，瞬间打开主试验室大门，外界气体进入；

（9）大室和小室每年不同低温环境试验可能的最大次数，包括年环境温度低于0℃（-55～0℃）的最大可能试验次数为6次、年环境温度低于 -25℃（-55～-25℃）的最大可能试验次数为4次。

综上所述，实验室工作环境可能出现的最大年冻融循环次数为6次。

2. 地坪构造设计

主试验室地面系统施工面积为6200m²，分大、小室两部分区域，根据图纸设计构造总体分为四层施工，总厚度为1.15m。钢筋混凝土下层，厚度为380～420mm；保温层和PC88密封层，厚度为300mm；防潮隔汽层，厚度为20mm；双层0.5mm厚度PE膜铺设，中间为砂浆层。钢筋混凝土面层，地面由锚固件、地漏、镀锌板材分仓缝、钢筋混凝土、系留环构造等组成，相关图片如图4-1～图4-4所示。地坪系统分布动画演示二维码如图4-5所示。

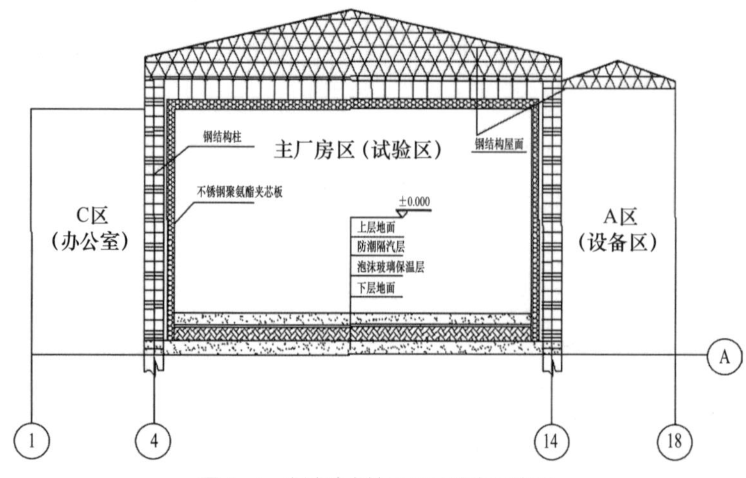

图4-1　主试验室地面工程分布示意图

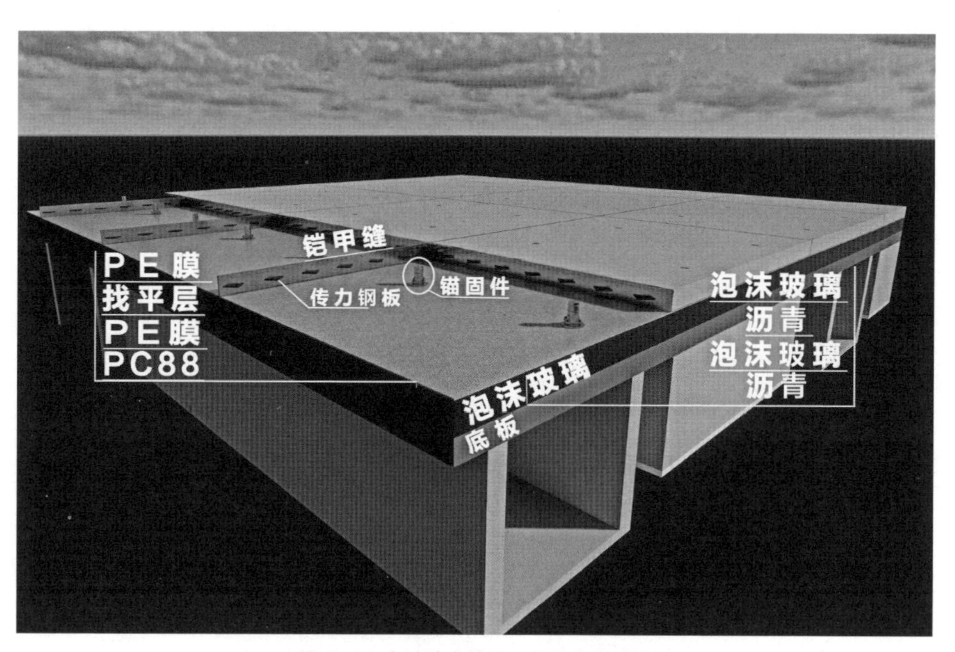

图 4-2　主试验室地面工程分布效果图

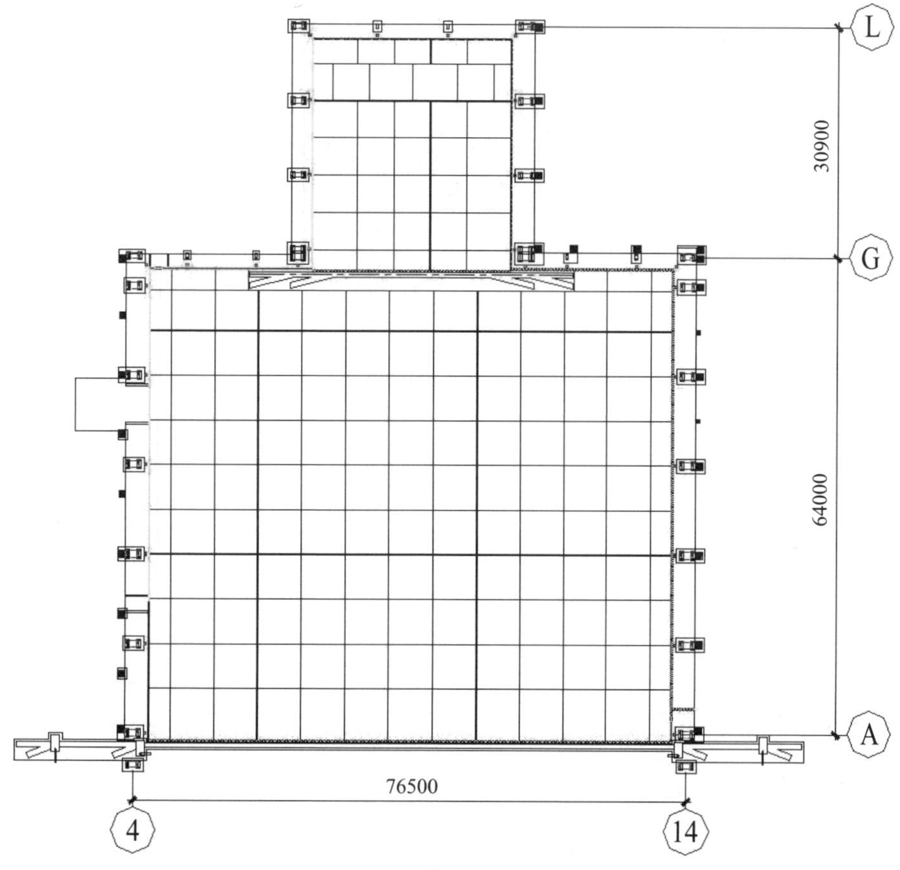

图 4-3　地面分仓示意图

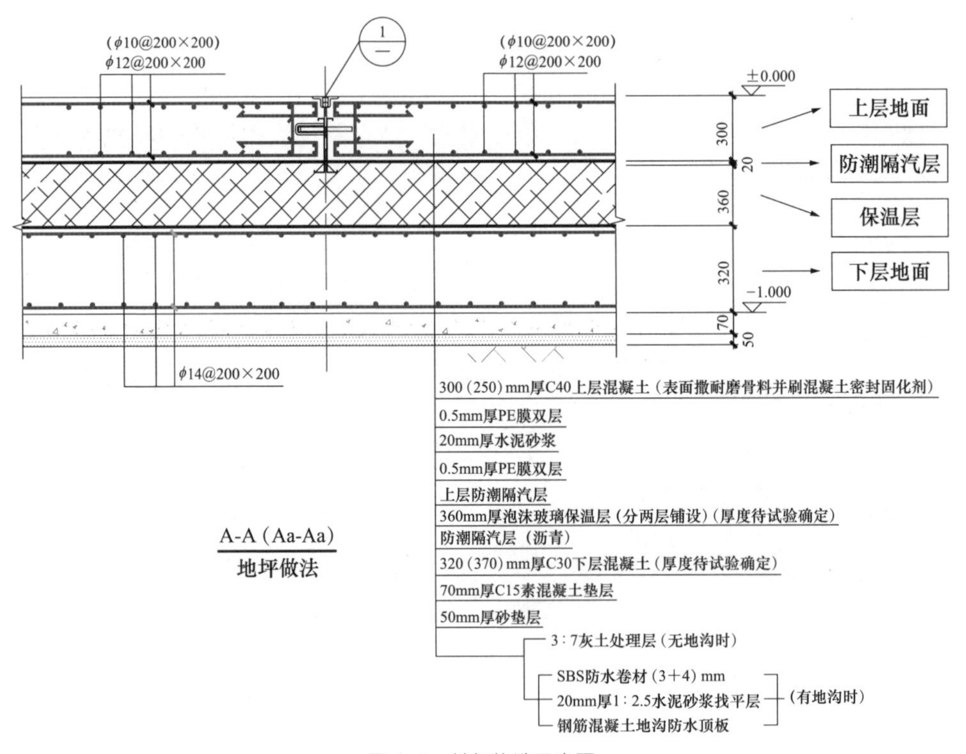

图 4-4　地坪构造示意图

图 4-5　地坪系统分布动画演示二维码

4.1.3　施工技术难点

实验室地坪施工技术难点如表 4-1 所示。

实验室地坪施工技术难点　　表 4-1

序号	施工技术难点	主要科研攻关和技术分项
1	混凝土材料抗冻耐久性研究	气动气融及水冻水融试验研究与分析
2	泡沫玻璃和防潮隔汽性能实验及施工工法	保温层与 PC88 冻融试验结合性能，保温层及防潮隔汽层施工技术

续表

序号	施工技术难点	主要科研攻关和技术分项
3	通过合理分仓解决温度在 -55～74℃循环变化下混凝土自身变形问题	分仓缝 + 传力钢板拼装 + 混凝土浇筑施工技术
4	解决混凝土配合比设计及相同环境下混凝土在 1/20 寿命周期的耐久性等问题	
5	地面的平整精度，接地装置、预埋构件精准安装，达到设计初衷及满足试验功能要求等	
6	选定分仓缝防水密封材料及施工构造	分仓缝密封材料通过试验验证选用，分仓缝密封构造及施工

4.2　混凝土抗冻耐久性研究

实验室地坪要实现通过获取不同种类混凝土试件经历标准冻融循环作用或极端温度冻融循环作用后的性能变化规律和损伤破坏形式，给出钢筋混凝土地坪设计中混凝土材料性能参数的合理取值，为气候实验室地坪设计提供依据。同时，系统深入地研究混凝土材料在经历极端恶劣的高低温（高温至 74℃，低温至 -55℃）冻融循环作用后的耐久性劣化规律，提出增强混凝土抗冻性能的方法及技术措施。

主要进行钢筋混凝土地坪结构冻融损伤规律研究：① 根据建成后实验室的工作环境，采用与实际工程相同的配合比与原材料，通过慢速试验（气冻气融试验）和快速试验（水冻水融试验）模拟实际工程环境，对钢筋混凝土地坪结构进行耐久性退化规律研究；② 开展钢筋混凝土地坪结构混凝土慢速试验（气冻气融试验），研究各因素对冻融损伤的影响规律，以及冻融损伤的发展规律；③ 开展钢筋混凝土地坪结构混凝土快速试验（水冻水融试验），研究各因素对冻融损伤的影响规律，以及冻融损伤发展规律。

4.2.1　技术路线

1. 工作环境调查

工作环境调查主要通过建设单位所提供的资料，确定各种工作环境，如干湿交替次数、最高温、最低温、各温度段所持续的时间、相对湿度以及年冻融循环次数等，为冻融试验研究提供相关环境参数。

2. 钢筋混凝土地坪结构冻融损伤规律研究

为使试验情况更加接近地坪的实际情况，试验所用试件采用与拟建实验室钢筋混凝土地坪同配比、同材料的混凝土，并且与地坪结构混凝土同条件养护。

根据试件不同的混凝土强度等级、养护条件、实验目的及实验方法，将试件分为五组：G1～G5。每组试件又分为棱柱体（A 类）和立方体（B 类）两种形状类型，每组试件棱柱体为 40 个，立方体试件个数也为 40 个。A 类试件主要用于测试质量损失、动弹性模量和抗折强度，B 类试件主要用于测试抗压强度。

对不同组别的混凝土试件进行冻融试验研究，冻融损伤将相对动弹性模量、质量损失率、抗压强度损失率及抗折强度损失率作为评价指标。测试相对动弹性模量、质量损失率及抗折强度损失率的试件为 150mm×150mm×550mm 棱柱体，测试抗压强度损失率的试件为 150mm×150mm×150mm 立方体。每冻融 10 次进行测试，直至相对动弹性模量下降到 60% 或者质量损失率达到 5% 或抗压强度下降到 80% 试验终止。

4.2.2 混凝土气冻气融及水冻水融试验研究

1. 试件设计

为使试验情况更加接近地坪的实际情况，试验所用试件采用与拟建实验室钢筋混凝土地坪同配比、同材料的混凝土，并且与地坪结构混凝土同条件养护。

结合现场情况，完成了现场原材料及配合比的确定。水泥采用 P·O 42.5R 水泥；细骨料为渭河砂子；粗骨料为富平碎石，粒径 5～31.5mm，连续级配；掺合料采用Ⅱ级粉煤灰；减水剂采用 BSJ 型泵送剂；引气剂采用 GYQ®-Ⅰ混凝土高效引气剂；钢纤维采用润强丝®-S2 端勾型钢纤维，该钢纤维抗拉强度高、分散性好、与水泥基体材料粘结性佳，不仅能有效减少 RPC 材料因自收缩、干缩引起的开裂现象，而且能明显提高 RPC 材料抗弯折、抗冲击、抗疲劳等性能。混凝土配合比如表 4-2 所示，润强丝®-S2 端勾型钢纤维性能指标如表 4-3 所示。GYQ®-Ⅰ混凝土高效引气剂性能指标如表 4-4 所示，养护 28d 的混凝土立方体试块抗压强度如表 4-5 所示。

混凝土配合比　　表 4-2

组别	混凝土强度等级	水胶比	水泥（kg/m^3）	砂（kg/m^3）	石子（kg/m^3）	水（kg/m^3）	掺合料（kg/m^3）	外加剂（kg/m^3）	钢纤维（kg/m^3）	引气剂（kg/m^3）
G1	C50	0.32	450	598	1110	160	45	16.8	78	0.088
G2	C40	0.36	375	655	1118	155	60	13.1	78	0.088
G3	C40	0.36	375	655	1118	155	60	13.1	78	0.088
G4	C40	0.36	375	685	1166	155	60	13.1	0	0.088
G5	C40	0.36	375	685	1166	155	60	13.1	0	0.088

润强丝®-S2 端勾型钢纤维性能指标　　表 4-3

测试项目	性能指标
纤维类型	端钩型
纤维直径（mm）	0.3~0.9
长度（mm）	30~60（定制）
密度（g/cm^3）	7.8
断裂强度（MPa）	1100
弹性模量（GPa）	210
断裂伸长率（%）	4

GYQ®-Ⅰ混凝土高效引气剂性能指标　　表 4-4

<table>
<tr><th colspan="2" rowspan="2">项目</th><th rowspan="2">计量单位</th><th colspan="2">性能指标</th></tr>
<tr><th>要求指标</th><th>检测结果</th></tr>
<tr><td colspan="2">含气量</td><td>%</td><td>4~6</td><td>5.5</td></tr>
<tr><td colspan="2">1h 含气量经时变化</td><td>%</td><td>-1.5~1.5</td><td>-1.2</td></tr>
<tr><td colspan="2">减水率</td><td>%</td><td>6</td><td>7</td></tr>
<tr><td colspan="2">常压泌水率比</td><td>%</td><td>70</td><td>-51</td></tr>
<tr><td rowspan="2">凝结时间差</td><td>初凝</td><td>min</td><td rowspan="2">-90~120</td><td>60</td></tr>
<tr><td>终凝</td><td>min</td><td>70</td></tr>
<tr><td rowspan="3">抗压强度比</td><td>3d</td><td>%</td><td>95</td><td>110</td></tr>
<tr><td>7d</td><td>%</td><td>95</td><td>98</td></tr>
<tr><td>28d</td><td>%</td><td>90</td><td>95</td></tr>
<tr><td colspan="2">28d 收缩率比</td><td>%</td><td>125</td><td>110</td></tr>
<tr><td colspan="2">相对耐久性</td><td>%</td><td>80</td><td>96</td></tr>
<tr><td colspan="2">28d 硬化混凝土气泡间距系数</td><td>μm</td><td>300</td><td>279</td></tr>
</table>

养护 28d 的混凝土立方体试块抗压强度　　表 4-5

编号	G1	G2	G3	G4	G5
抗压强度（MPa）	75.7	59.6	54.8	62.6	63.4

由抗压强度测试结果可见，构件混凝土抗压强度达到了设计强度等级，说明混凝土配合比良好，能够满足强度要求。

2. 试验工况设计

根据试件不同的混凝土强度等级、添加剂和养护条件，将试件分为五组：G1～G5。根据试件不同的形状分为 A、B 两类，A 类为棱柱体试件，B 类为立方体试件。A 类试件主要用于测试质量损失、动弹性模量和抗折强度，B 类试件主要用于测试抗压强度。试件设计及试验工况如表 4–6、表 4–7 所示。

试件设计　　表 4–6

组别	强度等级	钢纤维（kg/m^3）	引气剂体积率（%）	养护条件	棱柱体试件数量	棱柱体尺寸（mm）	立方体试件数量	立方体尺寸（mm）
G1	C50	78	4	标准养护	40（3）	150×150×550	40	150×150×150
G2	C40	78	4	标准养护	40（2）	150×150×550	40	150×150×150
G3	C40	78	4	自然养护	40（3）	150×150×550	40	150×150×150
G4	C40	0	4	标准养护	40（1）	150×150×550	40	150×150×150
G5	C40	0	4	标准养护	40	100×100×400	40	100×100×100

注：棱柱体试件数量后括号内数字为需埋入传感器试件数量。G1～G4 为气冻组，G5 为水冻组；除冻融环境外，G5 的配合比及养护条件均与 G4 相同。

试验工况　　表 4–7

类型		外形尺寸（mm）	试件测试内容分组及编号				备用试件
			质量	动弹性模量	抗折强度	抗压强度	
G1	A 类	150×150×550	G1–A–37～39	G1–A–37～39	G1–A–1～39		G1–A–40
	B 类	150×150×150				G1–B–1～39	G1–B–40
G2	A 类	150×150×550	G2–A–37–39	G2–A–37–39	G2–A–1–39		G2–A–40
	B 类	150×150×150				G1–B–1～39	G2–B–40
G3	A 类	150×150×550	G3–A–37–39	G3–A–37–39	G3–A–1–39		G3–A–40
	B 类	150×150×150				G1–B–1～39	G3–B–40
G4	A 类	150×150×550	G4–A–37–39	G4–A–37–39	G4–A–1–39		G4–A–40
	B 类	150×150×150				G1–B–1～39	G4–B–40
G5	A 类	100×100×400	G5–A–37–39	G5–A–37–39	G5–A–1–39		G5–A–40
	B 类	100×100×100				G1–B–1～39	G5–B–40

3. 试验设备

试验所用到的主要设备如表 4–8 所示。

主要设备　　表 4–8

序号	设备名称	型号	功能	技术参数	量程	精度
1	飞机结构及机构环境条件下功能和耐久性试验系统	UC240	提供温湿度可控可调的环境	温度 湿度	–170～150℃ 18%～98%	±2℃ 3%
2	电子秤	BT12	称重量	质量	50kg	10g
3	动弹性模量测试仪	NM–4B	测试动弹性模量	超声波声时	—	0.01μm
4	200t 压力试验机	TYA–2000	提供所需的荷载	力	2000kN	0.01kN

试验需要测试的参数有试件的温度、质量、动弹性模量、抗折强度、抗压强度。这些参数对应的测试系统的技术状态如下：

（1）温度：在冻融循环作用试验中，由于试件中心温度相对试验环境舱的温度具有滞后性，因此，试验温度不能以环境舱内温度为准，必须在试件中心预埋温度传感器，试验时将温度传感器通过导线接在温控箱上，即可随时监测试样的中心温度。

（2）质量：所用电子秤的最大量程不超过 50kg。

（3）动弹性模量：采用共振法测定试件的动弹性模量，共振法混凝土动弹性模量测定仪的输出频率可调节范围为 100～20000Hz，输出功率能使试件产生受迫振动。

（4）抗折强度、抗压强度：由压力试验机完成，压力试验机具有可控加载、变形测量、位移控制、数据采集等功能。试件破坏荷载应大于压力机全量程的 20% 且小于压力机全量程的 80%。

4. 试验方法

1）气冻气融

试验主要依据《混凝土物理力学性能试验方法标准》GB/T 50081—2019、《普通混凝土拌合物性能试验方法标准》GB/T 50080—2016、《普通混凝土长期性能和耐久性能试验方法标准》GB/T 50082—2009 中的“慢冻法”，并结合前期升降温周期调试试验结果，确定了正式试验的升降温机制，如图 4–6 所示。

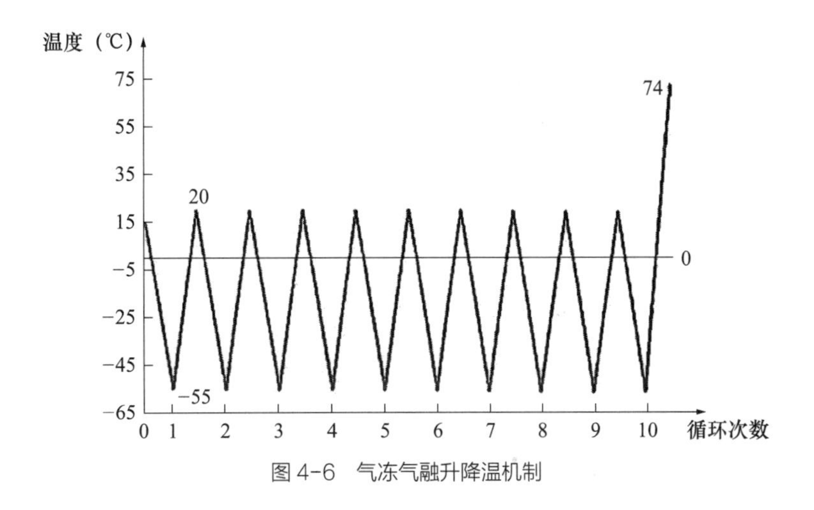

图 4-6　气冻气融升降温机制

气冻气融试验共进行了 120 个冻融循环周期，每冻融循环 10 次进行一次相关耐久性参数的采集，测试内容包括混凝土试件质量、动弹性模量、抗压强度、抗折强度等。前 9 次循环高温均为 20℃，第 10 次循环高温为 74℃。待各参数测试完毕后，将需继续冻融的试块进行浸泡处理，之后放入环境试验箱内继续试验。在环境试验箱内的试件，每个冻融循环结束后，即试验箱内温度升至 20℃时，进行一次浇水，以保证试件的含水量。

冻融循环达到以下情况之一便可终止试验：冻融循环达到120次，相对初始动弹性模量下降超过40%，相对初始质量损失超过5%，抗压强度下降到80%。

2）水冻水融

根据《普通混凝土长期性能和耐久性能试验方法标准》GB/T 50082—2009中第4.2节"快冻法"的规定进行冻融试验，具体步骤如下：

首先，将养护28d的混凝土试件取出，观察其外表，放入（20±2）℃的水中浸泡4d后取出擦干表面水分称量质量，浸泡时水面高出试件顶面20mm。其次，把试件放入尺寸为100mm×100mm×450mm，厚度为1.2mm的铁皮盒子中，再把盒子放入装有冷冻液的冻融箱里。向试件盒内加入自来水，水面高于试件顶面10mm，且冻融箱内冷冻液液面高于试件盒内自来水液面。在顶面中心留有直径10mm，长150mm孔的温控试件中插入温度传感器，放入试件盒中作为测温试件。将测温试件放入冻融箱的中心位置，用以测定冻融箱内中心试件内部温度。最后，将试件盒内空余空间用防冻液填满，防冻液液面高于试件顶面。每次冻融循环在2～4h完成，且融化时间不得少于一次循环时间的1/4。保证在冷冻和融化终止时，试件中心温度分别控制在（-18±2）℃和（5±2）℃，且任何时刻中心温度不得高于7℃，也不得低于-20℃。每个试件从5℃到-16℃的耗时不得少于冷冻时间的一半，每个试件从-16℃到5℃的耗时也不能少于融化时间的一半，试件内外温差不宜相差28℃。冷冻和融化之间的转换时间不宜超过10min。

冻融循环达到以下情况之一便可终止试验：冻融循环达到120次，相对初始动弹性模量下降超过40%，相对初始质量损失超过5%，抗压强度下降到80%。

4.2.3 试验结果与分析

1. 气冻气融试验结果与分析

1）冻融作用下混凝土相对动弹性模量的劣化规律

相对动弹性模量在一定程度上可以反映混凝土内部结构的劣化过程，可以较好地对混凝土冻融后的损伤程度进行评价。通过超声无损检测技术测定混凝土动弹性模量，采用NM-4B型非金属超声检测仪，可测得超声波在经历不同冻融循环作用后的混凝土试件内部的传播时间，又称为声时值，进而可计算出传播速度。

在120次冻融循环试验过程中，每经历10次试验后，对试件的相对动弹性模量进行了测试，得到了试件相对动弹性模量与冻融循环次数的变化关系，如图4-7所示。

从图4-7中可以看出，冻融循环次数对混凝土试件动弹性模量影响显著。在0～60次冻融循环中，四组试件的相对动弹性模量变化趋势基本一致，第60次冻融循环时的动弹性模量为初始动弹性模量的85%～90%。在60～120次冻融循环中，四组试件的相对动弹性模量的发展趋势明显区分开来，其中标准养护的 G1、G2、G4 要优于 G3，掺了钢纤维的 G1、G2 要优于未掺钢纤维的 G4，而 G1 和 G2 虽然混凝土强度等级不同，但是在 120 次冻融循环作用下两者相对动弹性模量变化趋势基本一致，第 120 次冻融循环时的 G1 的相对动弹性模量为 78%，G2 的相对动弹性模量为 79%。

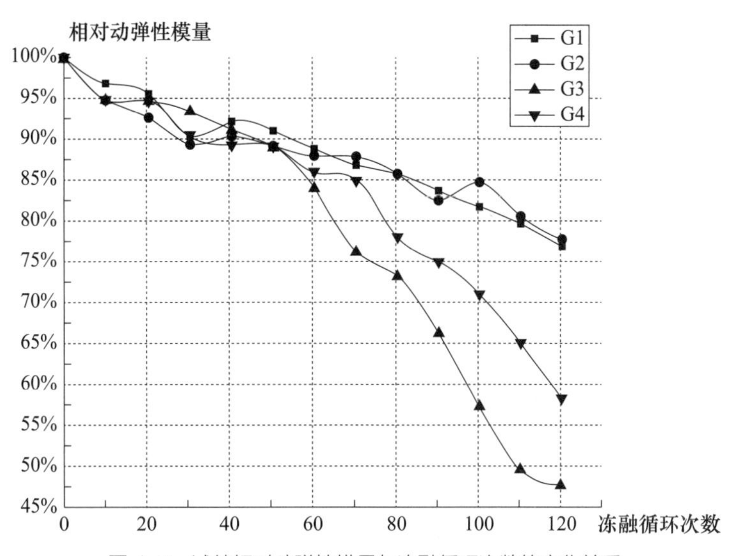

图 4-7　试件相对动弹性模量与冻融循环次数的变化关系

试验表明，养护方式的不同对混凝土的抗冻性能有着较为显著的影响。虽然 G3 的配合比与 G2 相同，且相较于 G4 还掺加了钢纤维，但是自然养护条件下 G3 的抗冻性能明显弱于 G2 和 G4。从相对动弹性模量与冻融循环次数关系可以看出，四组混凝土试件的抗冻性能优劣依次为 G1 ≈ G2 > G4 > G3，其中 G3 在 100 次冻融循环后的相对动弹性模量已经低至 48%，低于试验终止条件 60%，同时 G4 在 120 次冻融循环后的相对动弹性模量亦低至 59%。

2）冻融作用下混凝土质量的劣化规律

在 120 次冻融循环试验过程中，每经历 10 次试验后，对试件的质量进行了测试，得到了试件质量损失与冻融循环次数的变化关系，如图 4–8 所示。

混凝土试件在冻融循环过程中的质量变化主要由两部分组成，一部分是混凝土试件表面的浆体、粗细骨料的剥落导致质量的下降；另一部分则是在冻融循环试验过程中，随着冻融循环次数的增加，混凝土试件内部出现劣化并逐渐产生微裂缝，在饱水状态下裂缝吸水饱和，导致试件重量的增加。

试验结果表明，试件表面均未出现明显的骨料剥落等现象，因此，质量的变化主要反映了试件内部的裂缝吸水。从图 4–8 中可以看出，经历 100 次冻融循环后，四组试件的质量出现了不同程度的增加。随着冻融循环次数的增加，试件内部的冻害慢慢累积，逐渐形成贯通的、较大的微裂缝，从而积蓄了更多的自由水，导致质量的增加。在冻融环境下，四组试件的抗剥落能力都比较强，而混凝土内部的抗裂能力大小依次为 G1 ＞ G2 ＞ G4 ＞ G3。

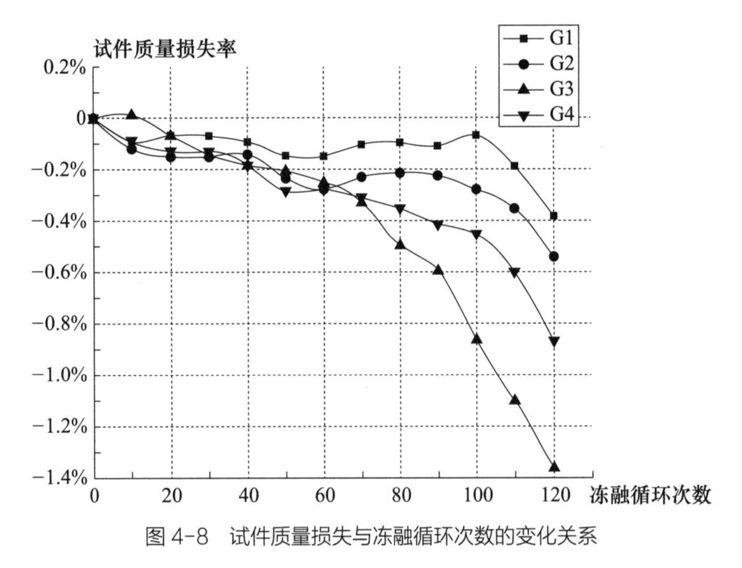

图 4-8　试件质量损失与冻融循环次数的变化关系

3）冻融作用下混凝土抗压强度的劣化规律

在 120 次冻融循环试验过程中，每经历 10 次试验后，对试件的抗压强度进行了测试，得到了试件抗压强度损失率与冻融循环次数的变化关系，如图 4–9 所示。

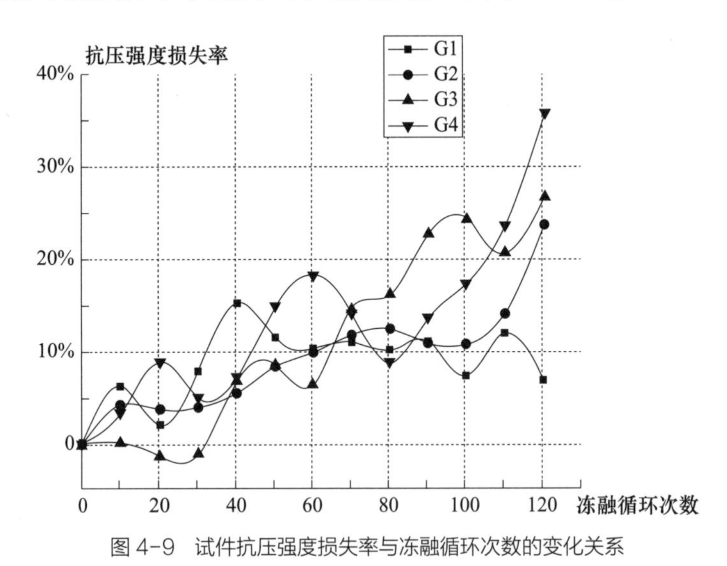

图 4-9　试件抗压强度损失率与冻融循环次数的变化关系

从图 4–9 中可以看出，抗压强度损失率随冻融循环次数的增加呈上升趋势。经历 120 次冻融循环后，四组混凝土试件的抗压性能大小依次为 G1 ＞ G2 ≈ G3 ＞ G4。其中，G1 的抗压强度损失率最小，为 7.13%，G2 与 G3 相近，分别为 24.33% 和 27.37%，G4 为 36.58%。可见，初始强度越高，混凝土越致密，抵抗冻融破坏的能力越强，强度损失率越小。另外，由于混凝土是一种非匀质的胶凝材料，由水泥、砂子、石子、矿物掺合料、添加剂（引气剂、减水剂）等用水搅拌混合而成，混凝土骨架在冻融循环作用下，破坏亦表现出非匀质的特征，宏观表现为单个试件抗压强度较为离散，其中 G4 的离散性最大，这可能与其未掺钢纤维有关。

一般认为，强度是混凝土最重要的力学性能，因为强度与硬化水泥石、骨料和水泥的界面区以及孔隙等直接相关，而抗压强度是混凝土力学性能指标中最重要的强度指标之一。通过对图 4-9 的整体分析可以得知，混凝土强度等级 C50、标准养护、掺钢纤维的 G1 抗压性能表现最佳，G2、G3 抗压性能表现良好，而未掺钢纤维的 G4 抗压性能一般，且不稳定，离散性较大。

气冻气融各组不同冻融循环次数下混凝土立方体抗压强度值如表 4-9 所示。

气冻气融各组不同冻融循环次数下混凝土立方体抗压强度值（MPa）　表 4-9

冻融循环次数	G1	G2	G3	G4
0	75.7	59.6	54.8	62.6
10	71.1	57.2	54.8	60.5
20	74.2	57.4	55.6	57.1
30	69.8	57.3	55.5	59.5
40	64.1	56.4	51.1	58.1
50	67	54.6	50.1	53.2
60	67.9	53.7	51.3	51.1
70	67.3	52.5	46.7	53.7
80	67.9	52.1	45.8	57
90	67.2	53	42.1	53.9
100	40	53	41.2	51.5
110	66.4	51	43.2	47.4
120	70.3	45.1	39.8	39.7

4）冻融作用下混凝土抗折强度的劣化规律

在 120 次冻融循环试验过程中，每经历 10 次试验后，对试件的抗折强度进行了测试，得到了试件抗折强度损失率与冻融循环次数的变化关系，如图 4-10 所示。

从图 4-10 中可以看出，抗折强度的变化趋势同样存在着较为明显的离散性。在 0～40 次冻融循环中，四组试件的强度变化较为稳定；在 40～90 次冻融循环中，G3 表现出了明显的离散性，抗折强度变化幅度很大；在 90～120 次冻融循环中，G1、G2 依然较为稳定，G3 抗折强度损失率有所回落，最后维持在 45%～50%，而 G4 的抗折强度损失率则显著攀升。

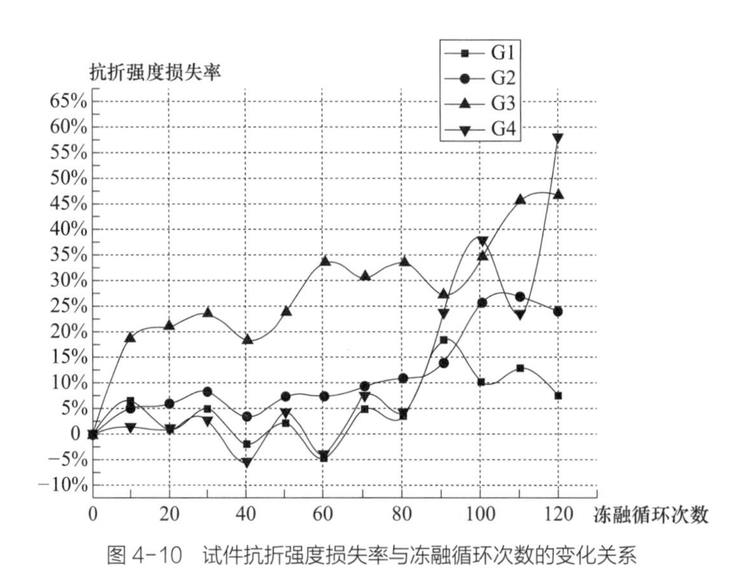

图 4-10 试件抗折强度损失率与冻融循环次数的变化关系

经过总体分析可以得出：G1、G2 的抗折性能较为稳定，其中 G1 的抗折强度损失率为 8.11%，G2 为 25%；而 G3 抗折性能很不稳定，推测是由于自然养护使得试件水泥水化不够充分和均衡，导致在性能上产生了较大的离散性；G4 在 80 次冻融循环以前抗折性能表现较为稳定，最大不超过 10%，而在 80 次冻融循环以后，抗折性能表现出了明显的衰退趋势，原因是 G4 未掺入对试件具有显著的阻裂、增韧作用的钢纤维，随着冻融循环次数的增加，内部裂缝逐渐拓展、损伤逐渐累积，混凝土的韧性迅速下降。

气冻气融各组不同冻融循环次数下混凝土立方体抗折强度值如表 4-10 所示。

气冻气融各组不同冻融循环次数下混凝土立方体抗折强度值（MPa）表 4-10

冻融循环次数	G1	G2	G3	G4
0	7.4	7.6	7.9	6.2
10	6.9	7.2	6.4	6.1
20	7.3	7.1	6.2	6.1
30	7	6.9	6	6
40	7.5	7.3	6.4	6.5
50	7.2	7	6	5.9
60	7.7	7	5.2	6.4
70	7	6.8	5.4	5.7
80	7.1	6.7	5.2	5.9
90	6	6.5	5.7	4.7
100	6.6	5.6	5.1	3.8
110	6.4	5.5	4.2	4.7
120	6.8	5.7	4.1	2.5

2. 水冻水融试验结果与分析

1）冻融作用下混凝土相对动弹性模量的劣化规律

通过规范中的水冻水融试验来了解所使用的混凝土配合比的抗冻性能。水冻水融试验选用的配合比为气冻气融组的 G4，参考规范《普通混凝土长期性能和耐久性能试验方法标准》GB/T 50082—2009 进行试验。

对试件进行 300 次冻融循环试验，每经历 25 次冻融循环，对试件的相对动弹性模量进行测试，得到试件相对动弹性模量与冻融循环次数的变化关系，如图 4–11 所示。

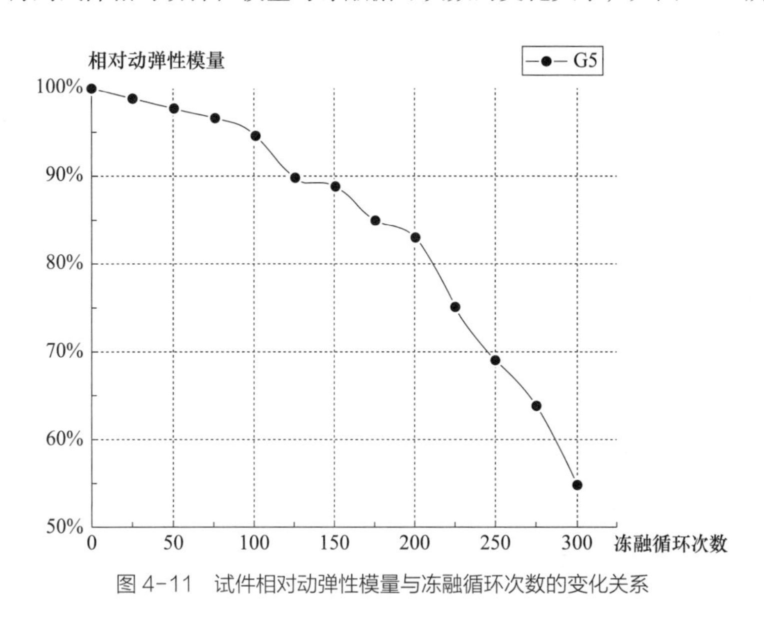

图 4–11　试件相对动弹性模量与冻融循环次数的变化关系

从图 4–11 中可以看出，相对动弹性模量随着冻融循环次数的增加逐渐下降。在 0～100 次冻融循环过程中，动弹性模量下降趋势较为平缓，下降幅度为 5%；在 100～200 次冻融循环过程中，动弹性模量下降速率有所提高，下降幅度为 12%，说明混凝土内部冻融损伤开始积累；在 200～300 次冻融循环时，动弹性模量下降速度明显加快，降幅达 28%，说明混凝土内部冻融损伤加剧。G5 的相对动弹性模量在经历了 275 次冻融循环后仍可达初始动弹性模量的 64%，体现了其良好的抗冻性能。

2）冻融作用下混凝土质量的劣化规律

在 300 次冻融循环试验过程中，每经历 25 次试验后，对试件的质量进行了测试，得到了试件质量损失与冻融循环次数的变化关系，如图 4–12 所示。

从图 4–12 中可以看出，混凝土的质量先缓慢增加，后迅速降低。这是由于随着冻融循环次数的增加，试件内部的冻害慢慢累积，逐渐形成较大的贯通裂缝，从而积蓄了更多的自由水，导致质量的增加。在第 175 次冻融循环时，质量增加量最高，为 0.48%，随后曲线呈逐渐上升趋势，即试件质量迅速下降。当冻融循环次数达到 250 次时，试件表面开始出现裂纹和轻微的剥落现象。在 250～300 次冻融循环过程中，质量变化幅度相对较大。300 次冻融循环结束后质量损失率为 0.5%，但仍未达到失效标准（5%）。

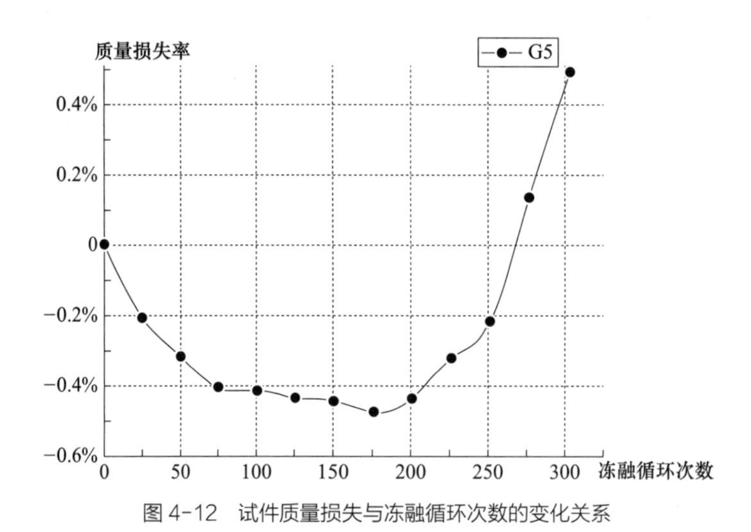

图 4-12 试件质量损失与冻融循环次数的变化关系

3）冻融作用下混凝土抗压强度的劣化规律

在 300 次冻融循环试验过程中，每经历 25 次试验后，对试件的抗压强度进行了测试，得到了试件抗压强度损失率与冻融循环次数的变化关系，如图 4-13 所示。

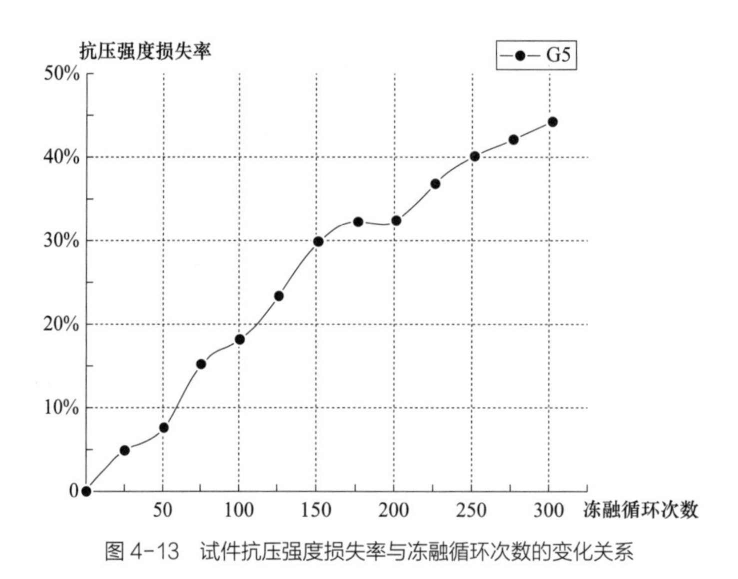

图 4-13 试件抗压强度损失率与冻融循环次数的变化关系

抗压强度是其力学性能指标中最重要的指标之一。抗压强度远大于其抗拉强度，在实际工程中，利用最多的都是混凝土较强的抗压性能。抗压强度测量相对容易，测试结果相对直观。

G5 组的混凝土强度等级为 C40，由表 4-11 的抗压强度测试结果可见，G5 组的混凝土试件 28d 抗压强度为 63.4MPa，说明混凝土配合比良好，能够满足强度要求。从图 4-13

中可以看出，随着冻融循环次数的增加，抗压强度损失率逐渐增加，整体变化趋势较为稳定。在经历 300 次冻融循环之后，抗压强度是初始抗压强度的 54.89%，为 34.8MPa。

水冻水融组 G5 在不同冻融循环次数下抗压强度和抗折强度值如表 4–11 所示。

水冻水融组 G5 在不同冻融循环次数下抗压强度和抗折强度值（MPa）表 4–11

冻融循环次数	抗压强度	抗折强度
0	63.4	5.7
25	60.2	5
50	58.5	3.9
75	53.8	2.6
100	51.9	1.8
125	48.5	1.6
150	44.3	1.3
175	42.7	1.2
200	42.5	1
225	39.5	0.9
250	37.4	0.9
275	36.1	0.7
300	34.8	0.5

4）冻融作用下混凝土抗折强度的劣化规律

在 300 次冻融循环试验过程中，每经历 25 次试验后，对试件的抗折强度进行了测试，得到了试件抗折强度损失率与冻融循环次数的变化关系，如图 4–14 所示。

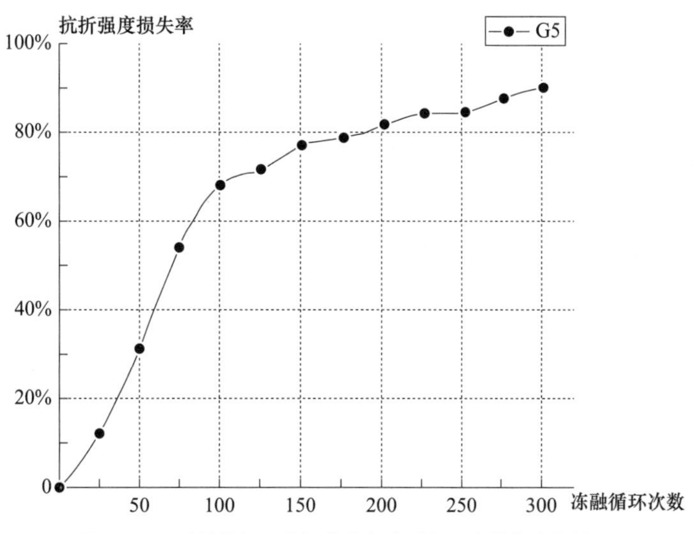

图 4–14　试件抗折强度损失率与冻融循环次数的变化关系

G5 组试件由于未掺入钢纤维，在抗折试验过程中表现为脆性破坏。从图 4-14 中可以看出，在经历 100 次冻融循环之后，混凝土抗折强度下降幅度高达 68.42%，抗折性能较为一般。在经历 300 次冻融循环之后，混凝土抗折强度仅为初始抗折强度的 9%，为 0.5MPa。

4.2.4 施工应用

通过对混凝土的抗冻、耐久性能进行试验，分别测试了 G1～G5 组混凝土试件在经历冻融循环后的混凝土相对动弹性模量、质量、抗压强度、抗折强度。试验结果如下：

（1）在试验过程中，随着冻融循环次数的增加，试件表面逐渐出现细微裂纹，在整个试验过程中，未出现明显的剥落现象。

（2）混凝土强度等级对照组 G1（C50）相较于基准组 G2（C40），相对动弹性模量无明显区别，当冻融循环次数达到 120 次时，G1 和 G2 的相对动弹性模量分别为 78% 和 79%。G1 和 G2 的质量损失率分别为 –0.37% 和 –0.53%，从宏观的角度来说差别不大。G1 与 G2 的抗压强度损失率的差值基本保持在 4% 以内，差别十分有限。G1 与 G2 的抗折强度损失率在 0～90 次冻融循环中相差不大，在 90～120 次冻融循环中差别逐渐拉大，为 15% 左右。从以上分析可以得出，混凝土强度等级（C40 与 C50）对混凝土的抗冻性能影响不大。

（3）钢纤维对照组 G4（未掺钢纤维）相较于基准组 G2（掺钢纤维），相对动弹性模量降幅明显，当冻融循环次数达到 120 次时，G4 的动弹性模量损失率为 59%，刚达到试验终止标准，此时 G2 相对动弹性模量为 79%。G2 和 G4 的质量损失率分别为 0.53% 和 0.86%，差别不明显。G4 的抗压强度损失率波动较大，平均比 G2 高出 5%～10%，但抗折强度损失率整体相差不大。从以上分析可以得出，钢纤维的掺入可以在一定程度上提高混凝土的抗冻性能，其中混凝土抗压性能受影响较为明显，抗折性能受影响相对较小。

（4）养护对照组 G3（自然养护）相较于基准组 G2（标准养护），相对动弹性模量较低，当冻融循环次数达到 100 次时，G3 的动弹性模量损失率为 42%，已经达到试验终止标准。冻融循环达到 120 次时，G2 相对动弹性模量为原来的 79%，而 G3 仅为 48%。G2 和 G3 的质量损失率分别为 0.53% 和 1.36%，说明试件内部出现微裂缝，开始积蓄自由水，但相差不大。相较于 G2，G3 的抗压强度损失率随着冻融循环次数的变化波动较大，整体趋势上略微高于 G2。G3 的抗折强度损失率明显比 G2 高，平均高出 15%～20%。从以上分析可以得出，养护条件对混凝土的抗冻性能有着较为明显的影响，良好的养护条件可以适当提高混凝土的力学性能，其中混凝土抗折力学性能受影响较大，抗压力学性能受影响相对较小。

（5）通过 G5 组混凝土的水冻水融试验，比较直观地研究了所使用的混凝土配合比的抗冻性能。在经历了 275 次冻融循环之后，相对动弹性模量为 64%，尚未达到失效标准

（60%）。在经历了 300 次冻融循环之后，质量损失率为 0.5%，尚未达到失效标准（5%）。G5 组混凝土 28d 抗压强度为 63.4MPa，在经历 300 次冻融循环之后，混凝土抗压强度是初始抗压强度的 54.89%，为 34.8MPa。G5 组混凝土 28d 抗折强度为 5.7MPa，在经历 300 次冻融循环之后，混凝土抗折强度是初始抗折强度的 9%，为 0.5MPa，降幅较大。从以上分析可以得出，G5 组混凝土抗冻性能良好，如果掺入钢纤维，可以提高混凝土的韧性，在一定程度上提高其抗折强度。

4.3　地坪能耗稳定性控制研究

4.3.1　能耗稳定性控制的必要性

实验室地坪在调试和投入正式运营阶段，主要是上层钢筋混凝土地面在受到极端环境及荷载的作用下，蓄热量巨大（表 4–12、表 4–13），合理减小地坪厚度，可以大大降低设计的制冷功率。根据暖通计算（按 300mm 板厚），制冷时地坪蓄热量占总制冷量的 80%，所以减小上层混凝土板厚度对节约建设和使用中的能耗，具有关键性的意义。

实验室地坪是低温承重地面，不仅使用温度变化幅度极大（–55～74℃），而且还存在冻雨循环等高湿的测试。在环境高低温度循环使用降低能耗的同时，必须防止地基冻胀和保证上层钢筋混凝土地面稳定不破坏。因此，对地坪能耗稳定性控制的研究具有关键性的意义。

模拟计算得到的冷工况下各部位负荷（单位：kW，地坪板厚度300mm）表 4–12

位置	第一阶段送风温度 5℃	第二阶段送风温度 -32℃	第三阶段送风温度 -60℃	第四阶段送风温度 -70℃
地坪	446	1216	1481	1457
墙体及吊顶	46	111	130	128
大门	10	21	22	20
空气	206	115	160	191
总负荷	708	1463	1793	1796
地坪所占负荷比例	63%	83%	83%	81%

模拟计算得到的热工况下各部位负荷（单位：kW，地坪板厚度 300mm）表 4–13

位置	第一阶段送风温度 40℃	第二阶段送风温度 65℃	第三阶段送风温度 85℃
地坪	522	1117	1444
墙体及吊顶	62	111	128
大门	13	22	24

续表

位置	第一阶段送风温度 40℃	第二阶段送风温度 65℃	第三阶段送风温度 85℃
空气	265	207	225
总负荷	862	1457	1821
地坪所占负荷比例	61%	77%	79%

4.3.2 泡沫玻璃保温层+气密性组分材料 PC88 +防潮隔汽层施工技术

通过实验室地坪能耗稳定性控制研究，施工团队在上层和下层钢筋混凝土地面中间设置保温系统层（抗压强度：$f_{cg}\geqslant 900\text{kPa}$；弹性模量：$E_{cg}\geqslant 1000\text{MPa}$）。保温系统层由进口高品质泡沫玻璃保温层、进口气密性组分材料 PC88 防潮隔汽层、20mm 厚砂浆找平层和四层 0.5mm 厚 PE 膜设计构造组成，总厚度为 322mm［300mm 厚泡沫玻璃保温层，22mm 厚砂浆找平层+ PE 膜防潮隔汽层（四层 0.5mm 厚 PE 膜分为上下两层，每层再按双层铺设，砂浆找平层位于中间）］。此保温层材质和施工工艺通过多方考察和高低温模拟环境测试，具备保温保冷、防潮隔汽、承受高压强和冷热循环而保持不破坏的使用功能，特别是高品质泡沫玻璃保温层、气密性组分材料 PC88、防潮隔汽层的紧密融合，使得整个保温系统形成了一个完全保温和防水、防潮、隔汽的整体，确保整个地面系统在极端的耐候循环测试中保持安全和稳定。

泡沫玻璃保温层、气密性组分材料 PC88 以及防潮隔汽层施工技术包括以下几个方面：

1. 重难点分析

（1）地坪环境温度为 -55～74℃，保温性能的要求极高，板缝密封须一次成型。

（2）在沥青热熔流动状态下近距离粘铺，PC88 密封剂配比混合成品，铺贴工序衔接紧密，作业须连贯完成。

（3）泡沫玻璃保温板为易碎材料，施工现场交叉作业深度高，铺贴面积大，现场成品保护难度大。

2. 泡沫玻璃保温层、气密性组分材料 PC88 施工技术

实验室地坪保温层（图 4–15）分为四个施工段，即系留环基坑、小室地轨梁基坑、小室地面、大室地面，施工面积为 6400m^2。

1）基层处理

保温层施工前应对基层表面平整度进行全数检查，采用 2m 靠尺检查，偏差控制在 4mm 以内，如不满足要求，进行打磨和找平处理。同时，应及时进行基层清洁（图 4–16），确保干燥、清洁，无浮尘、浮浆、油渍等影响粘接的情况。若有凸出地面的预埋、预装管

件或其他构配件，应先全部安装完成，杜绝后安装。基层处理有效保证了泡沫玻璃铺装的平整度，从而保证双组分耐候隔汽密封材料 PC88 涂抹厚度的均匀性。厚度应大于 2mm。

1. 钢筋混凝土承重层
2. PE隔离层
3. PC88耐候防水防潮隔汽层2.5mn
4. 150mm厚泡沫玻璃保温板（接缝用PC88密封）
5. PC88粘结层
6. 150mm厚泡沫玻璃保温板（接缝用热沥青密封）
7. 热沥青粘结防潮隔汽层
8. 找平层
9. 混凝土垫层

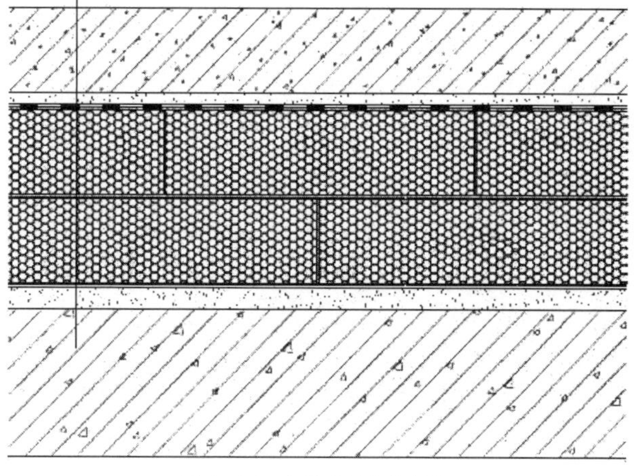

图 4-15　实验室地坪保温层

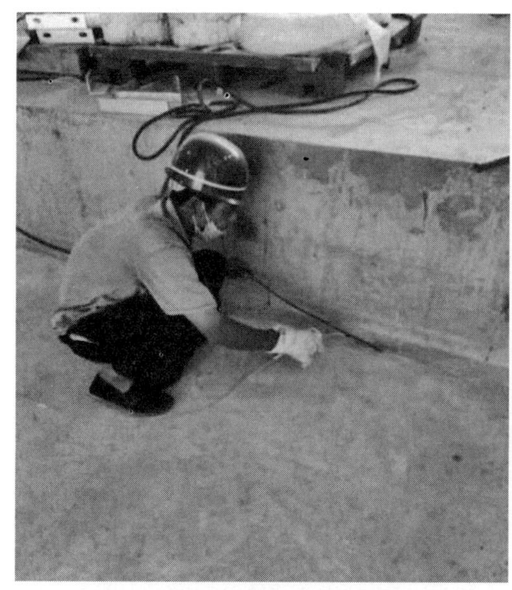

（a）小室地轨梁底部和立面基层清洁

（b）地面基层清洁

图 4-16　基层清洁处理

2）保温板预排板拼装

根据系留环基础底面和立面尺寸、预留管道和构件大小，以及水平工作面周边等情况，在保温层施工前必须进行弹线和预排板，纵横铺装、错缝铺装，错缝宽度保证≥150mm，有效保证保温板铺装质量和提高材料利用率（图 4-17～图 4-20）。

图 4-17 系留环基坑

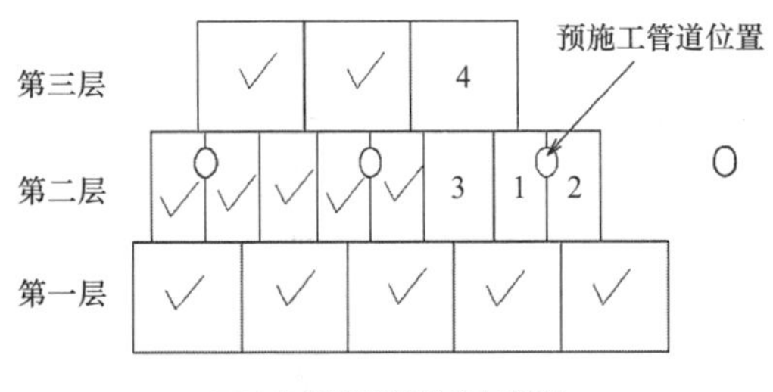

图 4-18 系留环基坑立面保温层预排板示意图

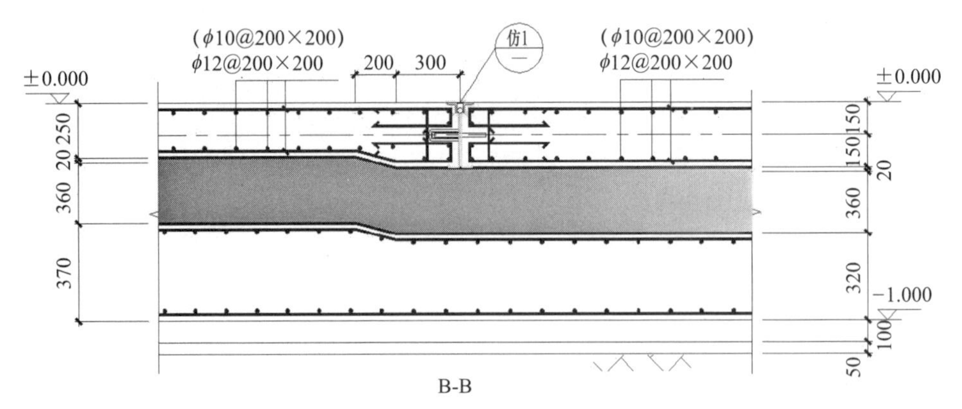

图 4-19 大室地面斜坡构造图

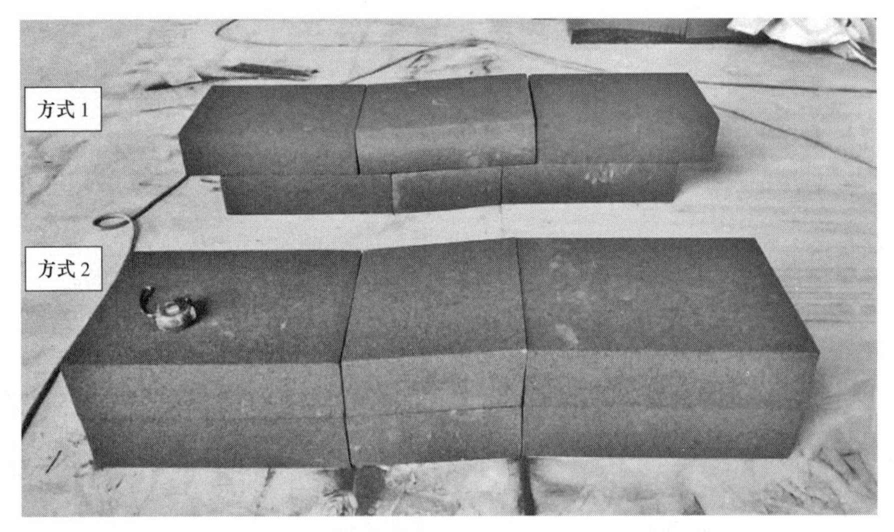

图 4-20 确定方式 2 为大室地面泡沫玻璃保温板斜坡排板方式

3）保温板铺装和热熔沥青密缝

根据热熔沥青熔点 180～200℃达到流动状态且保温板粘沥青在空气中 1min 就会发生硬化的特性，保温板粘热熔沥青（底部满粘、侧壁保证粘大于 1/3 的宽度）至铺装完毕的连贯作业须在 30s 内完成。采取就近原则，在施工作业区内配备热熔炉，随着铺装进度移动热熔炉的位置。上层保温板与下层保温板之间进行错缝排列，及时清理或抹平板缝间被挤出的热沥青。为保证厂房大、小室地面四周保温层不形成冷桥的设计要求，在保温层周边预留宽度 150mm、深度 300mm，使用发泡聚氨酯材料填充，达到连续的密封效果（图 4–21、图 4–22）。

图 4–21　保温板粘沥青铺装作业

图 4–22　铺装完成效果

3. 双组分耐候隔汽密封材料 PC88 施工技术

1）PC88 为双组分耐候材料，为了避免浪费和保持理想的性能，需要遵守特定的规则

（1）在混合之前必须通读和理解使用指导；

（2）温度会影响凝固时间和使用寿命；

（3）尽可能在常温的情况下上胶；

（4）准备一些溶剂以随时清洁工具，确保在需要的时候手边有充足的清洁工具，在容器里直接混合固定的剂量，可在固化时间内直接使用；

（5）使用电动混合器（600W，空载功率：500～1000 r/min）或压缩空气混合器搅拌组分 2～3min；加入 PC88 且混合 5min（图 4–23），混合时间不足会导致凝固不足而产生异味；

（6）组分材料按照铺贴厚度 2mm，所铺面积 7.5m^2 的标准，充分混合后倒在工作面上，人工使用齿形泥刀来操作，PC88 可应用于需要粘合在一起的两个表面；

（7）预留洞口周边密封，在需要涂层的表面上使用时避免粘胶残渣的残留，如有需要补胶，需在 8h 之内完成，如果涂层已凝固超过 8h，需要在上新涂层之前用砂纸或钢刷打磨；

（8）已经开始固化的粘胶剂不应该再次使用，通常用松节油或氯化溶剂来清洁工具，使用后需密封保存，大室地面施工及完成情况如图 4–24 所示。

图 4-23 PC88 组分材料机械搅拌

（a）大室地面 PC88 施工

（b）大室地面 PC88 完工效果

图 4-24 大室地面施工及完成情况

2）成品保护措施

泡沫玻璃保温板（图 4–25）进场前应对工作面进行检查，按照 $120m^2/d$ 的铺装进度，在每个工作面分区堆放足量的保温板材料，既保证了施工用量，又有效控制了成品保护。

图 4-25 泡沫玻璃保温板

4. 防潮隔汽层施工技术

防潮隔汽层（图 4–26）平面总面积约为 5000m^2，由四层 0.5mm 厚 PE 膜和 20mm 厚低强度等级砂浆找平层构成。防潮隔汽层施工分为三层，砂浆找平层居中，上下两层为双层 0.5mm 厚度 PE 膜，其中下层周边与聚氨酯发泡复合板接触面统一上翻 500mm，上层不上翻。（注：大室上层变更为双层 0.3mm 厚度 PE 膜；中层为 20mm 厚的 M20 预拌砂浆找平层）

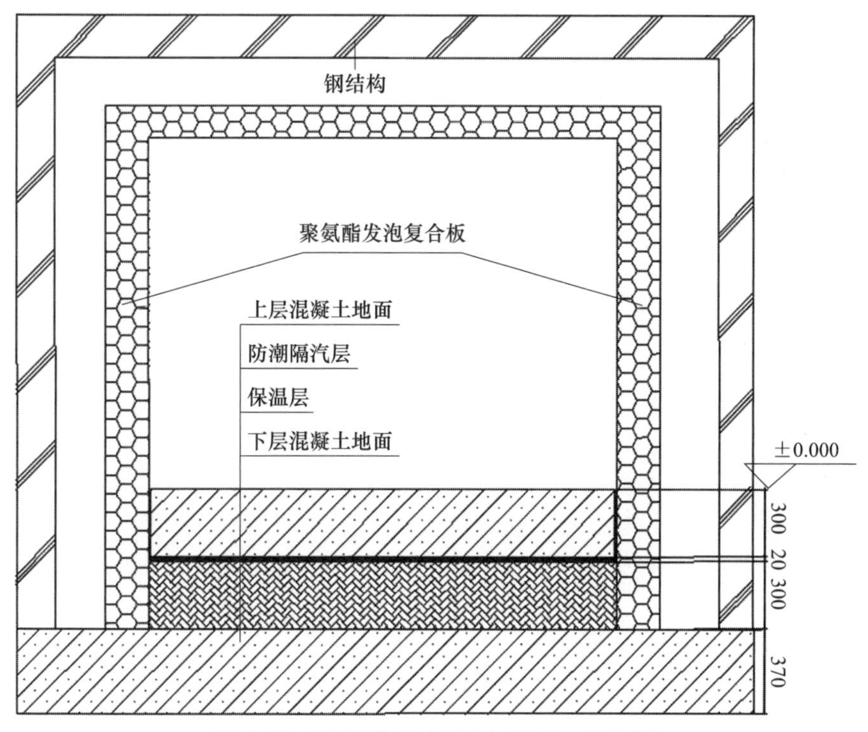

图 4–26　防潮隔汽层（黑线表示该施工构造层）

1）基层处理

基层表面应干燥、清洁，无污染，无坚硬杂物，尤其是颗粒状的杂物等有损 PE 膜的情况。砂浆找平层上层表面平整，无灰刀印和尖锐凸起点。若有凸出地面的预埋、预装管件或其他构配件，应包边并上翻 50mm，洞口应全部覆盖，并做好标记，待防潮隔汽层全部施工完成。预留洞口破除时，须保护周边防潮隔汽层成品。

2）PE 膜预排板铺装

PE 膜在施工铺贴前，先根据保温层（图 4–27）上表面施工分段情况和环境温差变化影响进行每 10m 分段预排板（PE 膜每一卷长度约为 100m，宽度为 2m）。PE 膜铺贴时，从一端向另一端横向铺贴，第一层和第二层错缝不小于 0.5m，搭接长度应大于 100mm。相邻搭接处采用 65mm 宽的双面胶带粘结（图 4–28），相邻搭接上表面缝隙采用 65mm 宽的透明胶带居中封边，并粘结牢固（图 4–29、图 4–30）。

图 4-27 保温层完成面

图 4-28 PE 膜铺贴提前粘贴双面胶带

图 4-29 PE 膜平面铺贴

图 4-30 PE 膜周边上翻铺贴

3）砂浆找平层施工质量控制

砂浆找平层采用预拌商品砂浆，强度等级 M20，即拌即用（图 4-31）。砂浆找平层施工前，用水准仪抄平，每间隔 3m 打灰饼，有效控制平整度偏差不大于 5mm，待砂浆初凝后采用收光机压平收光（图 4-32）。砂浆找平层施工完成后禁止一切车辆通行，做好围挡避免人员行走，破损砂浆找平层，防潮隔汽层施工完成情况如图 4-33 所示。

图 4-31 砂浆找平层施工

图 4-32 砂浆找平层收光施工

图 4-33　防潮隔汽层施工完成情况

4）成品保护措施

铺贴 PE 膜时，应轻拿轻放，并应避免撞击保温层，防止破裂 PC88 隔汽层。PE 膜铺贴胶带粘结应贴严、粘牢，压平、压实，禁止留通缝；PE 膜分段截取时，避免划伤 PE 膜和破损 PC88 隔汽层。

总体来说，采用高强泡沫玻璃定制生产和进口 PC88 气密性组分材料选型以及增加四层 0.5mm 厚具有防潮隔汽性能的 PE 膜施工技术，充分发挥了地坪保温性能和防潮隔汽性能的作用，实现了地坪具备保温、防潮隔汽、防止地基冻胀、降低实验过程中的能耗和承重负荷等多种性能，满足设计要求和使用功能，达到国内领先水平。

4.4　地坪冻胀应力消除研究

4.4.1　地坪冻胀应力消除的必要性

实验室地坪主要由混凝土浇筑而成，而混凝土在水化初期，孔隙率大，水分充足，如果其处于负温环境中，内部会形成巨大的冰晶，体积膨胀大约 9%，在混凝土内部形成冻胀应力。混凝土内部在形成冰晶的周围应力集中，当冻胀应力超过此时混凝土的抗拉强度值时，将产生裂缝；或者当混凝土中的冰晶吸热融化时，水的体积与冰相比将减小，混凝土的内部留下许多孔隙，它会直接严重影响混凝土的强度发展及耐久性。

实验室在模拟极端气候环境下，上层混凝土地面经受冻融最多（每年高达 6 次），在复杂的工作环境中（如极端的高温天气、极端的低温天气、雨雪天气以及飞机轮压作用等）最长，将不断经历冷、热、雨、雪等冻融和干湿交替，特别是经历的极端冷热温度循环（-55～74℃）变化，在受到极端环境及荷载作用下（按最大承受机型 B747-400 轮压和总重量 183t 的设计，主轮左右各 8 个，每个轮压 1.41×10^6Pa；前轮 2 个，每个 1.31×10^6Pa）极易造成冻胀损伤甚至破坏。因此，混凝土冻胀应力有效消除对实验室地坪设计施工至关重要。

4.4.2 分仓缝＋传力钢板拼装＋混凝土连续浇筑施工技术

通过对实验室地坪冻胀应力消除的研究，采用混凝土地面分仓 209 个，通过镀锌板材分仓缝提前定制和工厂加工、分仓缝中部设置传力钢板，现场拼接，混凝土连续浇筑的施工技术，分仓缝的设计结构有效消除冻胀产生的应力，不仅工期成倍缩短，还具有显著的经济效益和社会效益。

分仓缝＋传力钢板拼装＋混凝土连续浇筑施工技术包括以下几个方面：

1. 重难点分析

（1）为提高安装精度，根据图纸设计的分仓原理及使用条件要求，重点优化分仓构造做法，将现场分仓缝焊接变为提前工厂加工成直缝和十字缝，通过塑料螺栓连接，现场整体拼装施工，整个分仓缝安装精度控制在 3mm 以内。

（2）镀锌板材集成式分仓缝现场整体拼装，采用埋入式，实现了分仓地面不跳仓连续浇筑混凝土施工，使工期成倍缩短，且降低经济成本，比原设计施工成本降低 367345.15 元。

（3）构造形式：镀锌板材分仓缝提前加工成直缝和十字缝，通过塑料螺栓连接拼装，现场通过塑料螺栓连接组装代替焊接，传力钢板提前加工成 350mm×350mm×20mm，现场安装至分仓缝中部矩形孔内，避免焊接变形，且下层 PE 膜也因减少焊接量而得到了有效保护。

2. 镀锌板材集成式分仓缝 + 施工技术传力钢板施工技术

本地面分仓共计 209 个（图 4–34），大、小室分别呈网格状分布，小室分布 36 个，总长度 291m，大室分布 173 个，总长度 1454m。

分仓缝为永久埋入式，总高度 300mm，主要由镀锌钢板组成。其中，上部结构采用两道高 40mm、厚 10mm 的板条，板条间净宽 20mm，板条外侧焊接大头螺栓，用作混凝土锚固，内侧填充 20mm 挤塑板，两板条间采用塑料螺栓连接；下部结构为两道高 260mm、厚 2mm 的压型钢板，两钢板间缝隙 20mm，使用挤塑板填充。上、下结构连接采用全贯通焊接。分仓缝上部采用金属螺母和螺杆连接加固，拼装完成后更换材质为塑料的螺母和螺杆，在后期注胶施工过程中易于切除，有效保证分仓缝受混凝土挤压而不变形。分仓缝构造如图 4–35～图 4–39 所示。

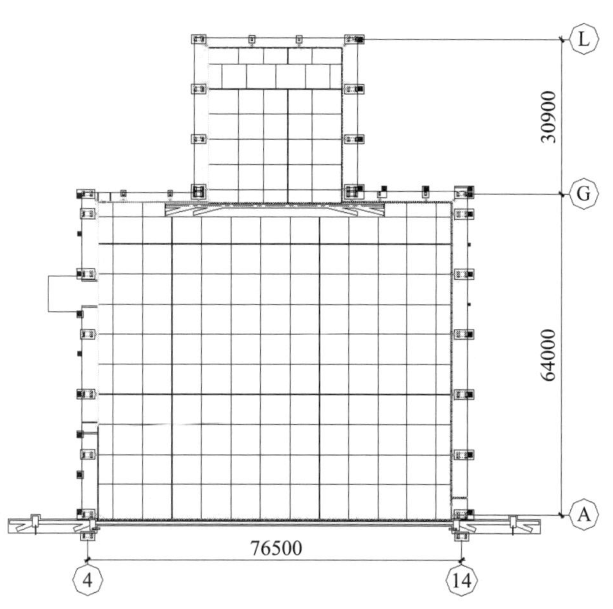

图 4-34　地面分仓示意图

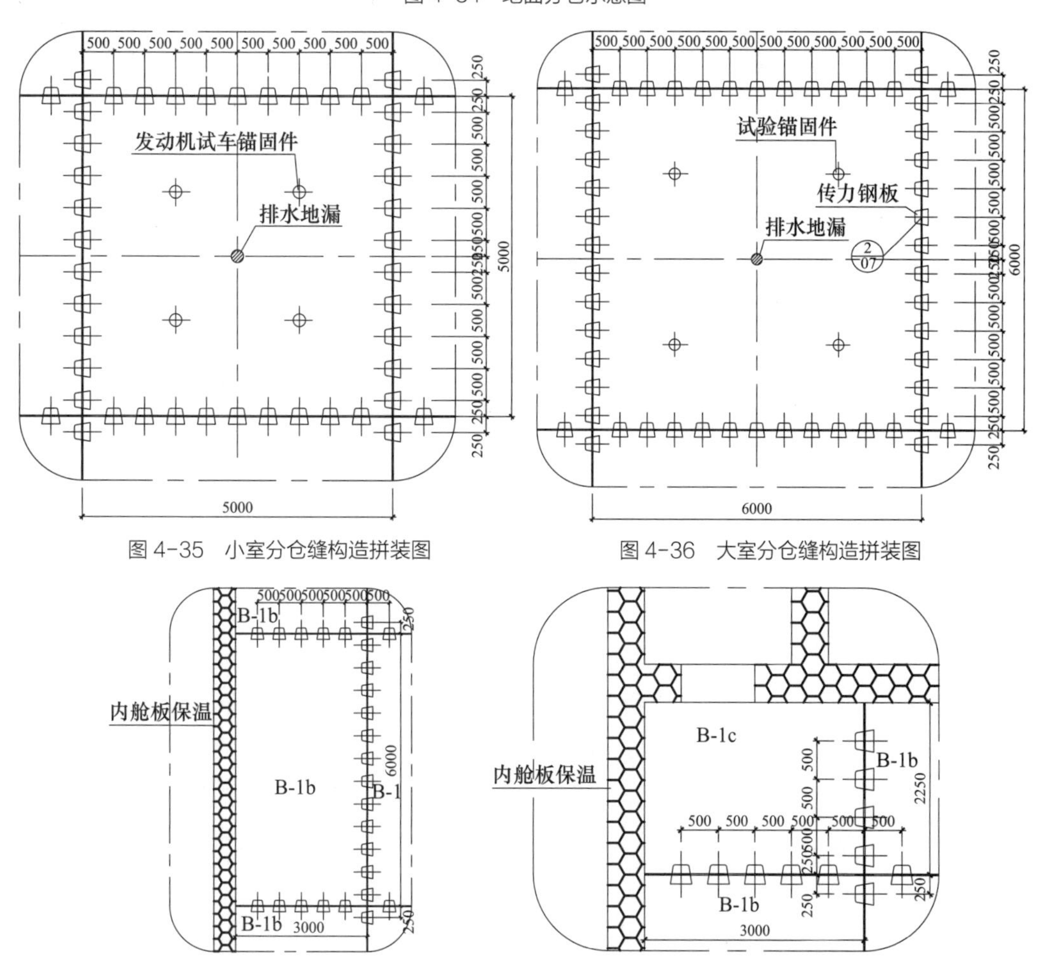

图 4-35　小室分仓缝构造拼装图

图 4-36　大室分仓缝构造拼装图

图 4-37　大、小室周边以及转角施工构造拼装图

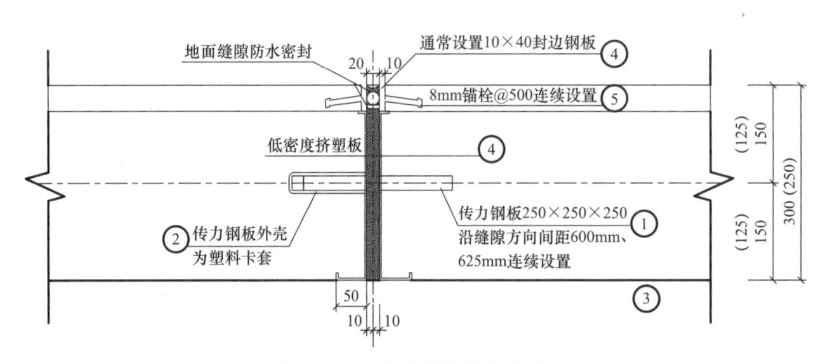

图 4-38 分仓缝构造示意图

①—传力钢板；②—传力钢板壳；③—防潮隔汽层（PE 膜）；④—镀锌板材分仓缝；⑤—8mm 锚栓连续设置

图 4-39 分仓缝交叉和直缝拼装样品

实施流程如图 4-40 所示，现场施工实景如图 4-41～图 4-44 所示。

图 4-40 实施流程

图 4-41 分仓缝现场拼装

图 4-42 分仓缝现场拼装完成开始钢筋绑扎

图 4-43　现场抄平复测

图 4-44　分仓缝现场拼装完成

3. 混凝土连续浇筑施工技术

（1）混凝土连续浇筑，专人负责检测混凝土坍落度和监护振捣过程（图 4–45、图 4–46）。

（2）在地面混凝土初凝时完成 3～5 次压光收面工序（图 4–47）。

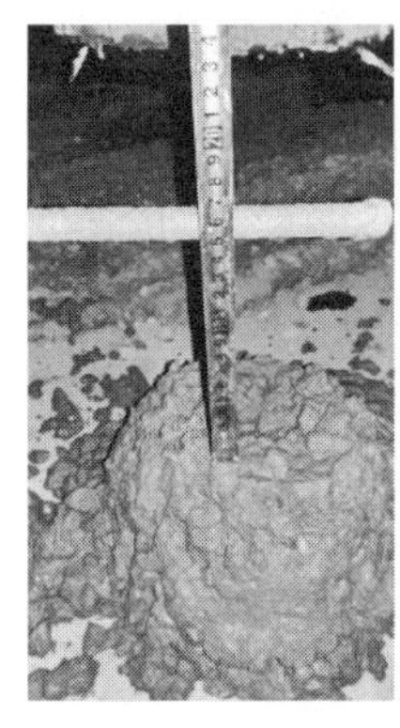

图 4-45　检测混凝土坍落度

图 4-46　监护振捣过程

（a）混凝土浇筑完成

（b）混凝土收面

图 4-47　浇筑振捣收面连续完成

（3）地面混凝土压光收面 8h 后，铺设养护薄膜并覆盖棉毡（图 4–48～图 4–50）。

图 4-48 铺设养护薄膜

图 4-49 覆盖棉毡养护

图 4-50 混凝土地面施工完成

4. 胀模控制

（1）在分仓缝组装和节点焊接施工过程中，分仓缝连接处的组装和节点焊接须稳固，不得松动。

（2）在每个分仓区域底部和上部，采用 ϕ12 的 HRB400 钢筋与分仓缝焊接，间距为 1050mm；与钢筋网片焊接连接的钢筋长度为 400mm，以控制胀模情况。

（3）分仓缝上浮：根据小室混凝土浇筑经验，分仓缝因传力钢板及封边型钢加厚、自身重量因素，未出现此类情况。

4.5 分仓缝防水密封施工技术

地面系统上层钢筋混凝土面层施工完成后，对于分仓缝填充所用材料的高性能粘结力，隔水抗冻胀性、密封性，以及施工工艺的选择，将直接影响在气候模拟环境中地面系统综合使用性能的发挥。因此，分仓缝防水密封对整个实验室保温密封至关重要。

实验证明，高性能硅酮耐候密封胶具备高性能粘结力、隔水抗冻胀性能，达到设计要求和地面系统使用功能的密封性和防水抗冻胀性要求。分仓缝填充材料采用高性能硅酮耐候密封胶；分仓缝填充由最小厚度5mm和6～8mm双层耐候胶（图4-51）、5mm厚聚乙烯泡沫胶条和ϕ20泡沫棒组成。

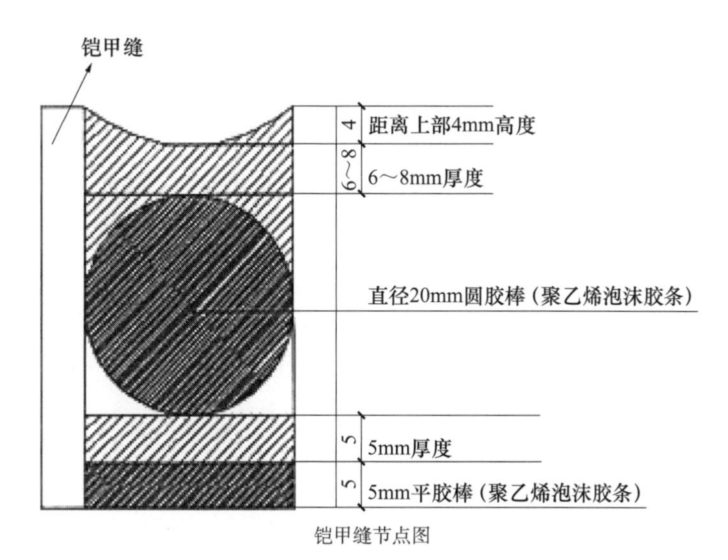

图4-51　分仓缝填充构造图（图中铠甲缝即分仓缝）

1. 地坪概述

地坪混凝土浇筑完成后（总面积约5400m^2），地面系统中分仓缝的填充材料性能和施工技术水平，直接影响其综合使用性能在气候模拟环境中的发挥，填充材料需具备高性能粘结力、隔水抗冻胀性能。通过多方考察和检测，选择高性能硅酮耐候密封胶为分仓缝填充的主要材料，通过对高低温循环处理前后性能变化情况进行对比，证明了其各种性能满足大型全机气候环境实验室试验使用功能要求。

大型全机气候环境实验室工程注胶单层总长度为2030m，共计两层。因地面混凝土浇筑完成后，高空和设备调试交叉作业频繁、大门无规律性运转或静止等因素占用部分注胶工作面，以及硅胶注胶两层4道施工工序、硅胶注胶后需至少12h固化时间，现场须分区域施工且分区域成品保护，直至硅胶注胶固化全部完成。

2. 施工难点

（1）分仓缝注胶接触面，总长2030m且空间狭小（20mm），要求干燥、干净，无油渍等污染物，洁净度要求高；

（2）高空和设备调试交叉作业频繁、八扇大门无规律性运转或静止等因素占用部分注胶工作面；

（3）施工过程中，分仓缝清理洁净验收合格并按厚度要求注胶，由于室内温度基本处于 5～15℃，且硅胶注胶后需至少 12h 固化时间，所以成品保护难度大。

3. 施工工艺

采用以两层高性能硅酮耐候密封胶为主，聚乙烯泡沫胶条和胶棒为辅的嵌缝填充材料和设计构造，通过严格的施工工序和技术实施，实现了耐巨幅温差特殊嵌缝填充，具备高性能粘结力、隔水抗冻胀性能，完全达到设计要求和地面系统使用功能的密封性和防水抗冻胀性要求。硅胶注胶现场施工过程图解如图 4–52 所示。

总体而言，实验室地面系统中采用高性能硅酮耐候密封胶作为分仓缝的填充材料和应用分仓缝防水密封施工技术，使地面系统的防水性能得到了有效增强。在第三次对气候实验室小室降至极限温度 –55℃的调试和运行检测中，地面系统设计要求的各项技术指标全部达标。同时，配方硅胶在特殊环境分仓缝中的应用实验，成功打破国外技术封锁，实现了该项材料的国有化，为以后类似工程的应用开辟了道路。

（a）以地面为基准向下挖深抽检

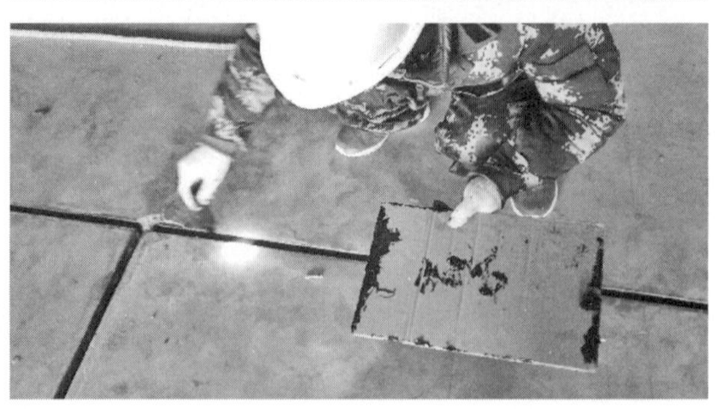

（b）底层注胶刮平

图 4–52 硅胶注胶现场施工过程图解（一）

（c）贴胶带防污染

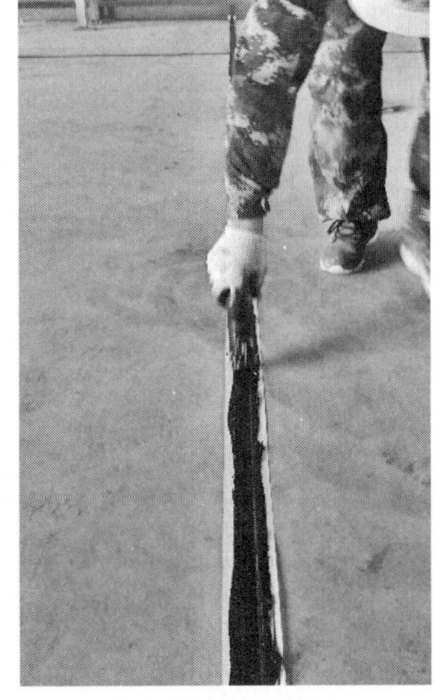

（d）带弧度挤压刮平

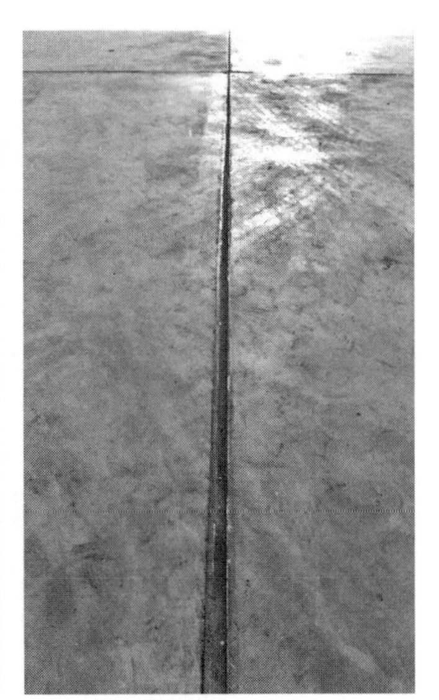

（e）注胶完成

图 4-52　硅胶注胶现场施工过程图解（二）

4.6　上层混凝土地面中其他构造施工技术

4.6.1　其他复合构造概述

上层钢筋混凝土地面复杂设计构造由九个分项构造体交叉复合组成，如表 4-14 所示。

分项构造体　　表 4-14

序号	分项构造体名称	数量	用途与功能
1	双相不锈钢（S22053）系留环基础	10 套	固定设备机轮
2	双相不锈钢（S22053）不锈钢锚固件	656 套	固定设备机身
3	地面分仓（镀锌板材集成式分仓缝 + 传力钢板）	209 个	消除混凝土地面冻胀产生的应力
4	地面分仓内双层双向间距 150mm 钢筋绑扎	120t	增强混凝土地面的抗裂性和承载能力
5	304 不锈钢地漏	50 套	满足实验室内大流量排水、高承压及隔汽密封功能要求
6	传感线	6 套	监测实验室调试阶段地坪工程各层温度变化
7	网络式接地	200m	供多种设备在运行调试过程中接地
8	混凝土	1600m^3	承载设备
9	分仓缝（宽度 20mm）填充密封注胶施工	2300m	分仓缝填充密封防水防冻，满足分仓冻胀产生的应力应变

4.6.2 施工内容、方法及难点

施工内容、方法及难点如表 4–15 所示。

施工内容、方法及难点　　　　表 4–15

序号	施工内容	施工方法	施工难点
1	10 套双向不锈钢（S22053）系留环基础	吊装	（1）每套系留环重约 1.5t；距防潮隔汽层 0.22～1.2m 且不得接触基础配筋及金属构件； （2）垂直和水平度偏差小于 2mm，顶部同地面标高
2	分仓（镀锌板材集成式分仓缝 + 传力钢板）集成	拼装	（1）分仓数量 209 个，分仓缝总长度 1745m，其中单线长度最短 27m，最长 72m，且分段施工，偏差小于 3mm，深程度工序交叉施工； （2）水平度偏差小于 3mm，顶部同地面标高
3	656 套锚固件	加固安装	（1）数量大，每个分仓内分布 4～8 套，且不得与基础配筋及金属构件焊接加固； （2）水平度偏差小于 3mm，顶部同地面标高
4	双层双向间距 150mm 钢筋	绑扎	（1）双层双向布置间距为 150mm 的 ϕ10 和 ϕ12 钢筋，构造复杂； （2）保护层厚度 30mm
5	6 套传感线	预埋	（1）每套 7 根，每层均分间距居中布置，即下层地面 2 根，保温层底部 1 根，保温层中部 1 根，防潮隔汽层中部 1 根，上层地面 2 根； （2）分布于大、小室的西北角、中部、东南角；在大室，距地漏 3m；在小室，距地漏 1.5m； （3）每根紧贴地漏侧壁通往地下室； （4）每层施工过程中提前预埋
6	安装接地	焊接	（1）呈网格分布，分别与系留环焊接连成整体，部分漏出上层地面设备； （2）焊接过程在防潮隔汽层上部，易造成 PE 膜破损和增加砂浆层厚度
7	混凝土	分段浇筑	（1）C40 商品混凝土，坍落度要求 160～180mm，且不添加粉煤灰； （2）充分振捣不得碰撞锚固件和分仓缝，存在胀模和分仓缝上浮的质量隐患； （3）表面收光压平，收光面积 4500m^2
8	1098 耐候胶分仓缝	注胶	注胶总长 2300m，双层构造，最小厚度 5mm

4.6.3 各构造施工图及工艺

1. 系留环基础

根据工艺专业条件设计，材质为双相不锈钢（S22053），系留环基础共计 10 套，每个系留环位置预留一套锚栓（8 个 / 套），气候模拟环境试验时与系留环连接。每套预留

锚栓允许最大拉力荷载 T：XH-1 和 XH-4 为 60t，XH-2 和 XH-3 为 40t，T 与地面夹角不限。预留锚栓型号：XH-1 和 XH-4 为 8M×48，XH-2 和 XH-3 为 8M×42。其质量分别符合现行国家标准《不锈钢和耐热钢　牌号及化学成分》GB/T 20878—2007、《不锈钢冷轧钢板和钢带》GB/T 3280—2015、《不锈钢棒》GB/T 1220—2007 的规定。使用中 T 为最大拉力时，其作用位置距该基础顶面距离 h 必须小于等于 300mm（图 4-53）。

系留环基础分布平面图如图 4-54 所示，系留环基础实体如图 4-55 所示。

系留环基础数量统计如表 4-16 所示。

系留环基础 XH-1 和 XH-2 设计构造平面图如图 4-56 所示，剖面图如图 4-57 所示。

系留环基础 XH-3 设计构造平面图如图 4-58 所示，剖面图如图 4-59 所示。

系留环基础 XH-4 设计构造平面图如图 4-60 所示，剖面图如图 4-61 所示。

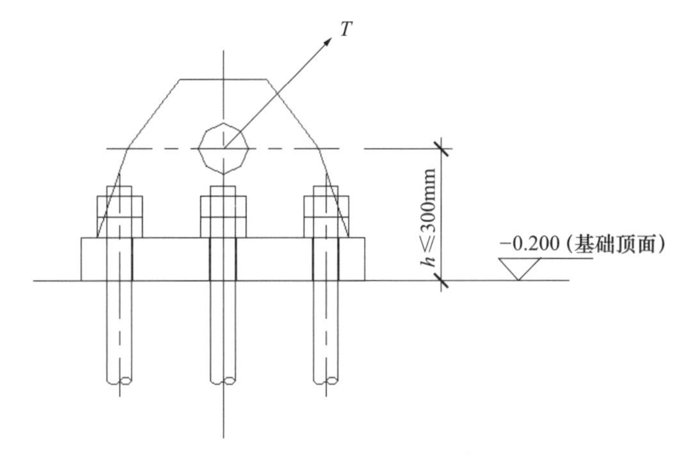

图 4-53　系留环基础设计

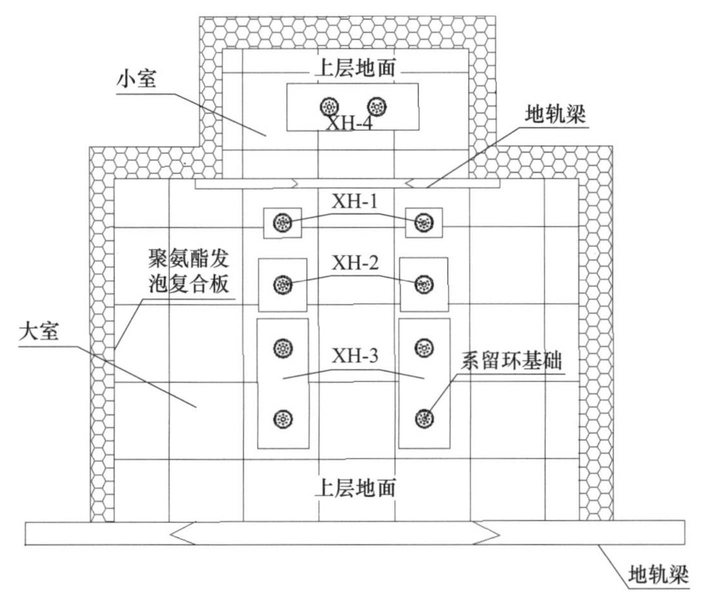

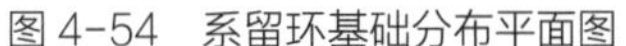
图 4-54　系留环基础分布平面图

图 4-55　系留环基础实体

系留环基础数量统计　　表 4-16

部位	编号	数量（套）
大室	XH-1	2
	XH-2	2
	XH-3	4
小室	XH-4	2

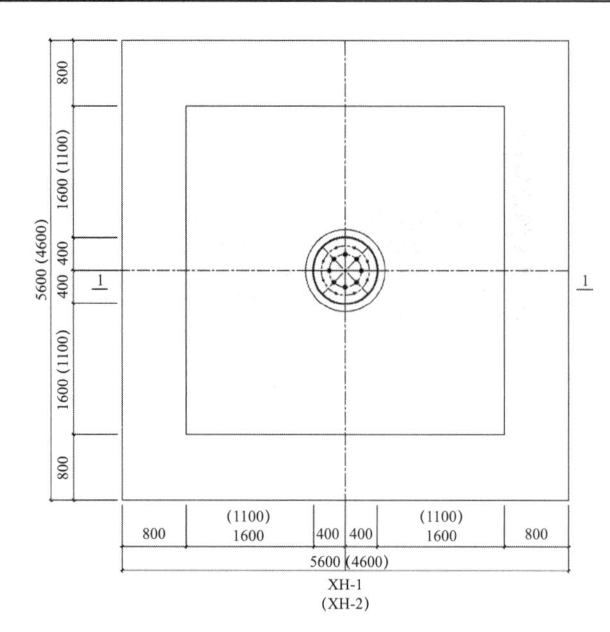

图 4-56　系留环基础 XH-1 和 XH-2 设计构造平面图

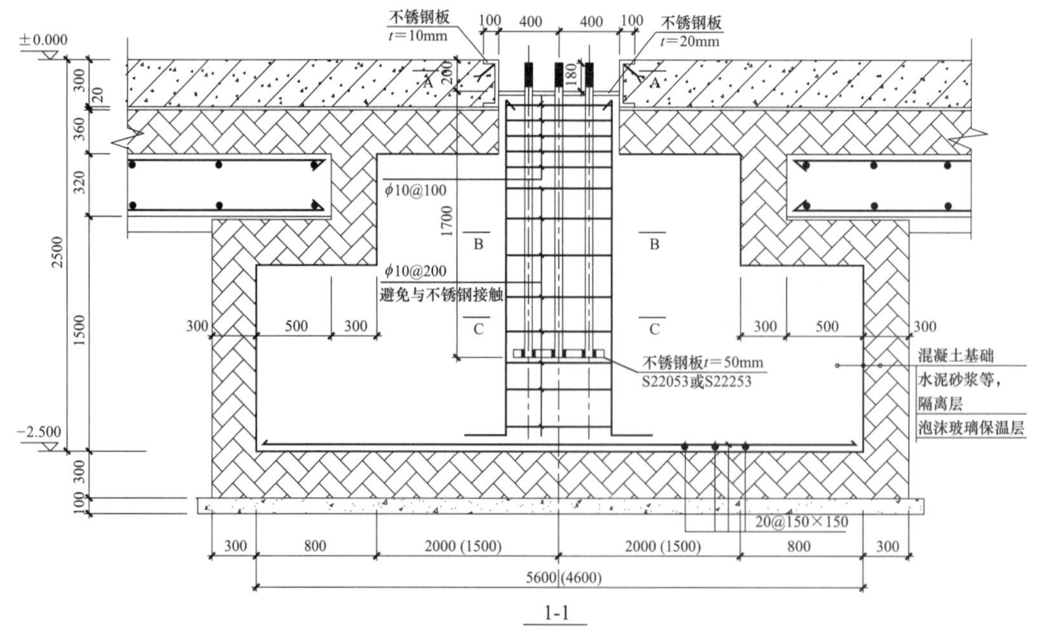

图 4-57　系留环基础 XH-1 和 XH-2 剖面图

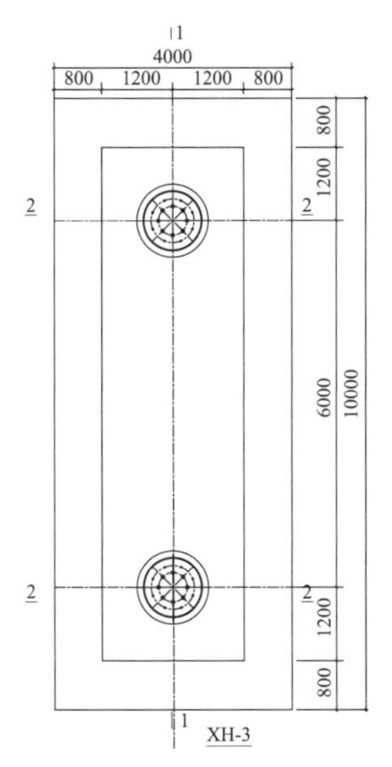

图 4-58　系留环基础 XH-3 设计构造平面图

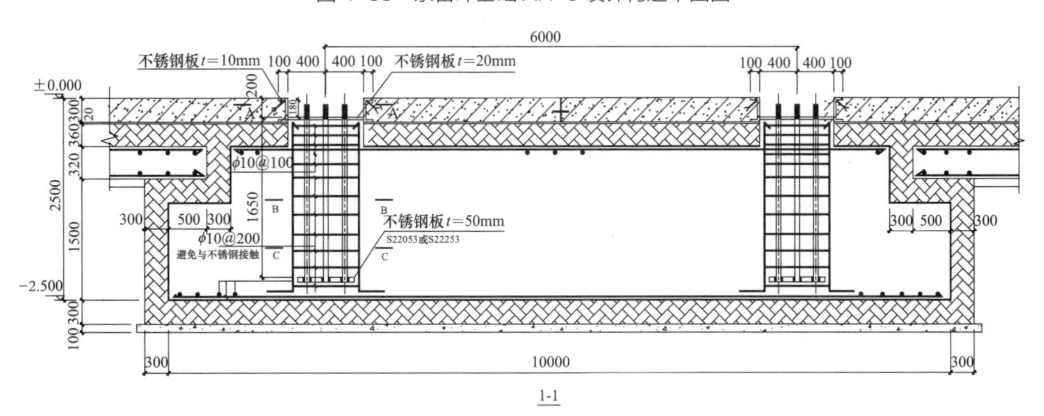

图 4-59　系留环基础 XH-3 剖面图

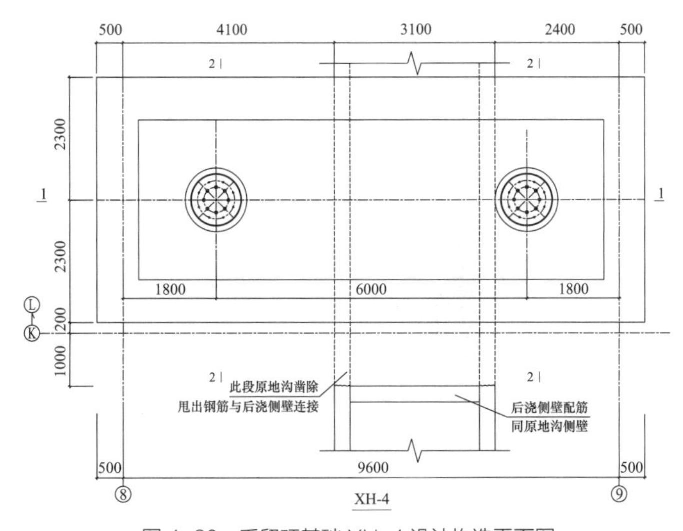

图 4-60　系留环基础 XH-4 设计构造平面图

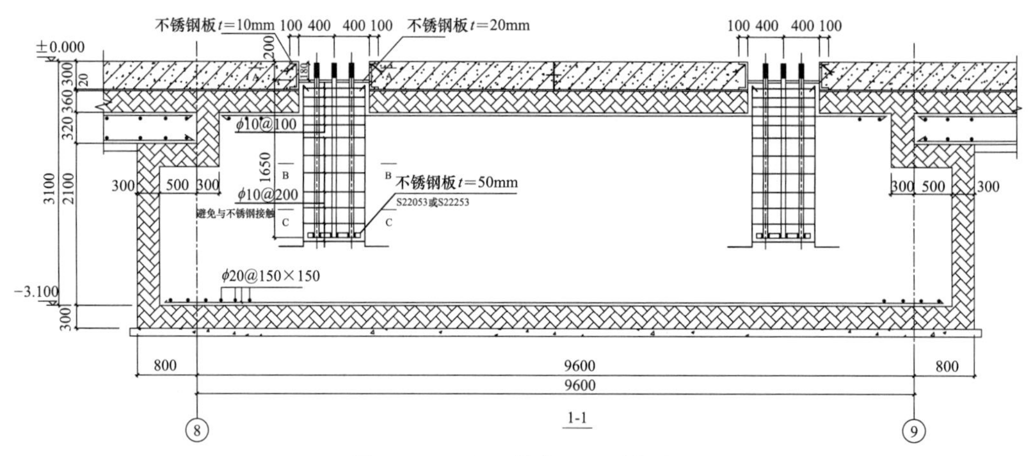

图 4-61 系留环基础 XH-4 剖面图

系留环基础上部构造如图 4-62 所示。

锚栓位置及尺寸的允许偏差如表 4-17 所示。锚栓及螺纹必须采取保护措施，严防螺纹磕碰损伤。系留环基础双相不锈钢架吊装时采用厚度 20mm 绝缘橡胶作为隔离材料，禁止接触一切金属材料，避免形成冷桥。

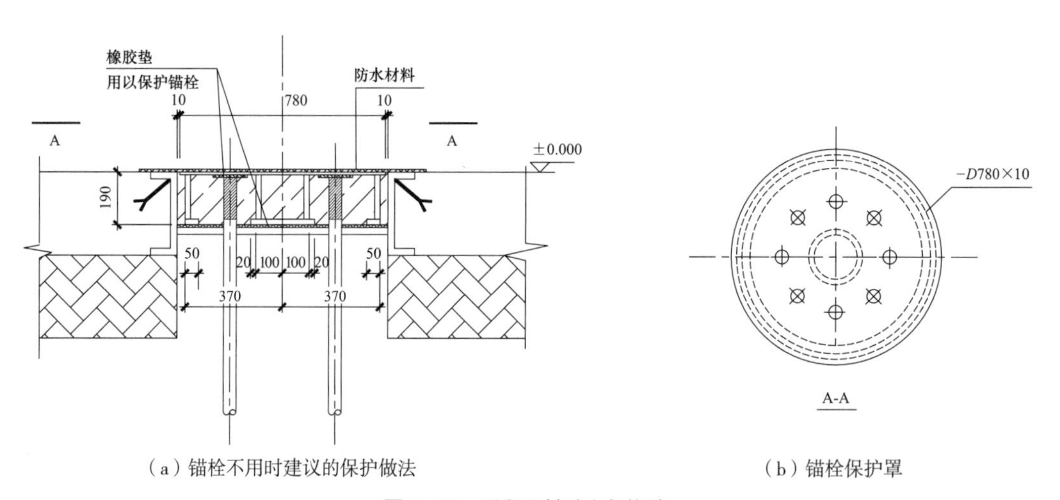

（a）锚栓不用时建议的保护做法

（b）锚栓保护罩

图 4-62 系留环基础上部构造

锚栓位置及尺寸的允许偏差（mm） 表 4-17

项目		允许偏差
板平面	标高	±2.00
	水平度	1/2000
锚栓中心偏移		±2.00
锚栓露出长度		+5.00
螺栓长度		+5.00

2. 锚固件

大型全机气候环境实验室工程试验厂房地坪锚固件分布于 185 个仓内，每个仓内安装 4～8 套，总计 656 套，数量大，分布面广。锚固件按高度分为两种，即 250mm 和 300mm，直径 100mm。小室安装高度 300mm 规格共计 96 套；大室安装高度 300mm 规格共计 320 套，安装高度 250mm 规格共计 240 套。

锚固件选用 S22053 双相不锈钢材质，由底座和上部组成，两部分采用螺杆连接。螺母和螺杆也采用 S22053 材质，需提前委托厂家加工。锚固件设计构造、模型图、实体图如图 4–63～图 4–65 所示。

大、小室锚固件平面布置图和安装位置图如图 4–66、图 4–67 所示。

地面锚固件预埋过程记录如图 4–68～图 4–73 所示。

3. 地漏安装

大型全机气候环境实验室工程试验厂房地坪地漏分布于大小室内，共计 50 套，大室 42 套，小室 8 套。地漏选用 304 不锈钢材质，提前委托厂家加工，设计构造及三维模型如图 4–74～图 4–76 所示。

大、小室地漏分布如图 4–77 所示。

地漏口配筋安装图如图 4–78 所示。

地漏安装过程记录如图 4–79～图 4–81 所示。

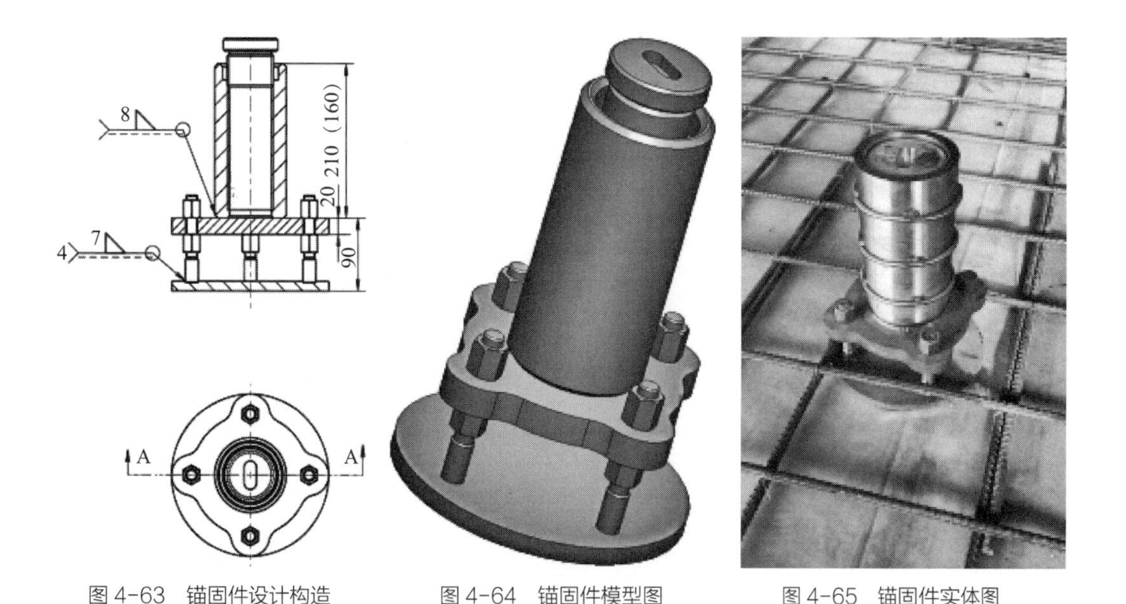

图 4–63　锚固件设计构造　　图 4–64　锚固件模型图　　图 4–65　锚固件实体图

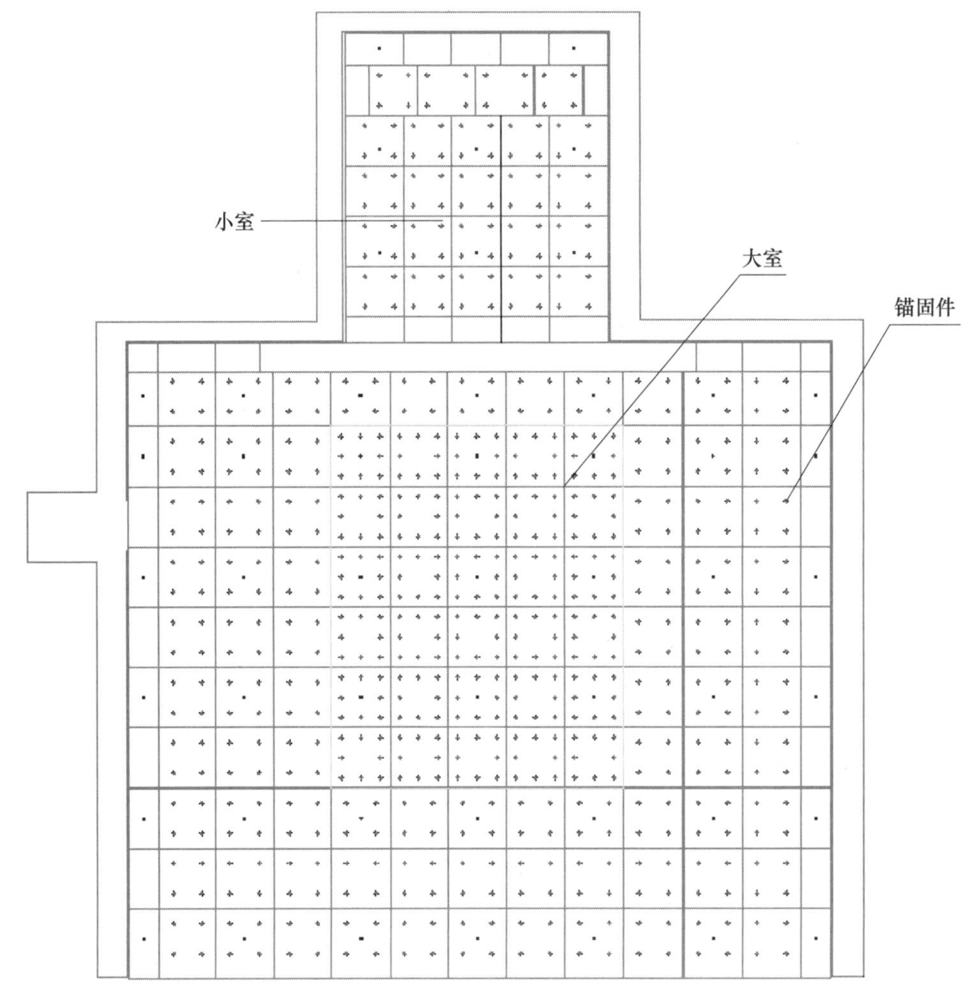

图 4-66　大、小室锚固件平面布置图

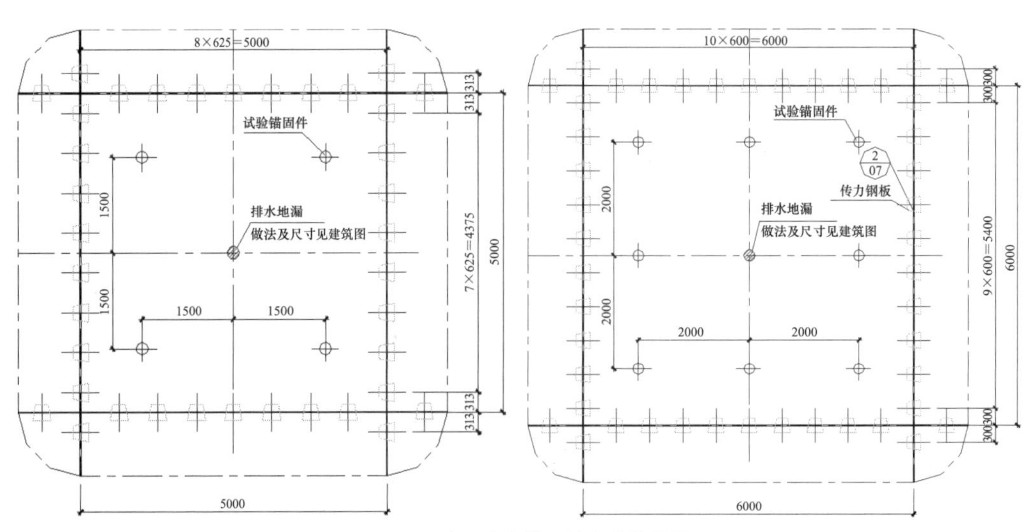

图 4-67　大、小室锚固件安装位置图

图 4-68　锚固件

图 4-69　按照定位点摆放锚固件

图 4-70　二次复核定位纵横向位置尺寸

图 4-71　锚固件加固完成

图 4-72　分段区域内锚固件加固完成

图 4-73　混凝土振捣过程专人看护防碰撞

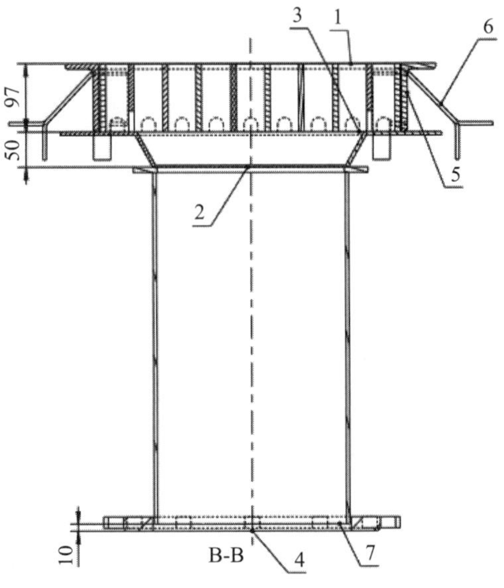

图 4-74 设计构造（剖面图）

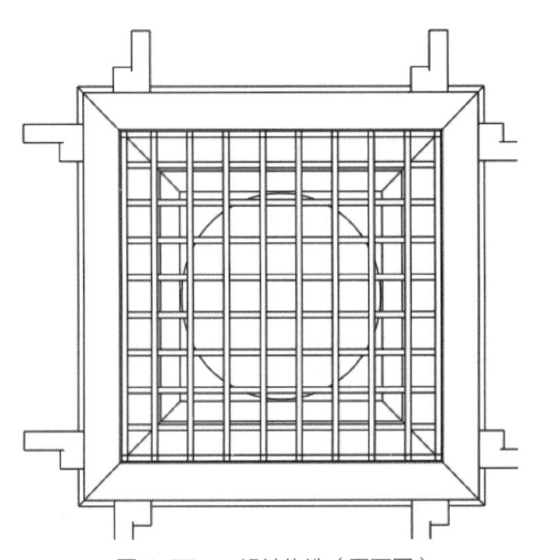
图 4-75 设计构造（平面图）

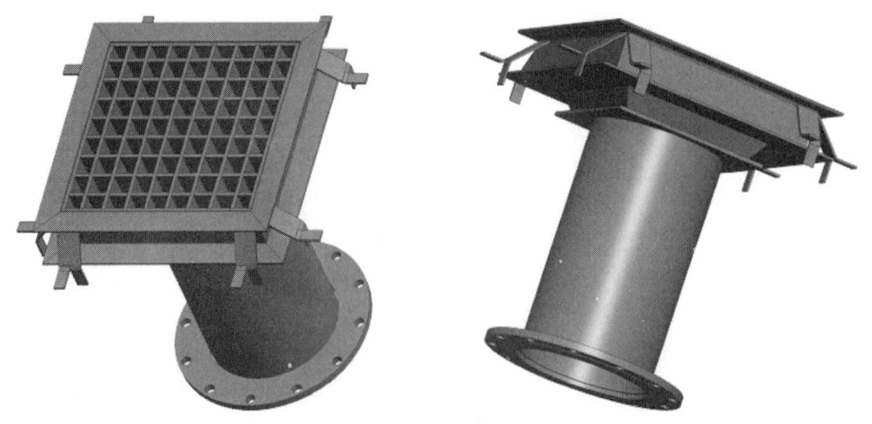
图 4-76 三维模型

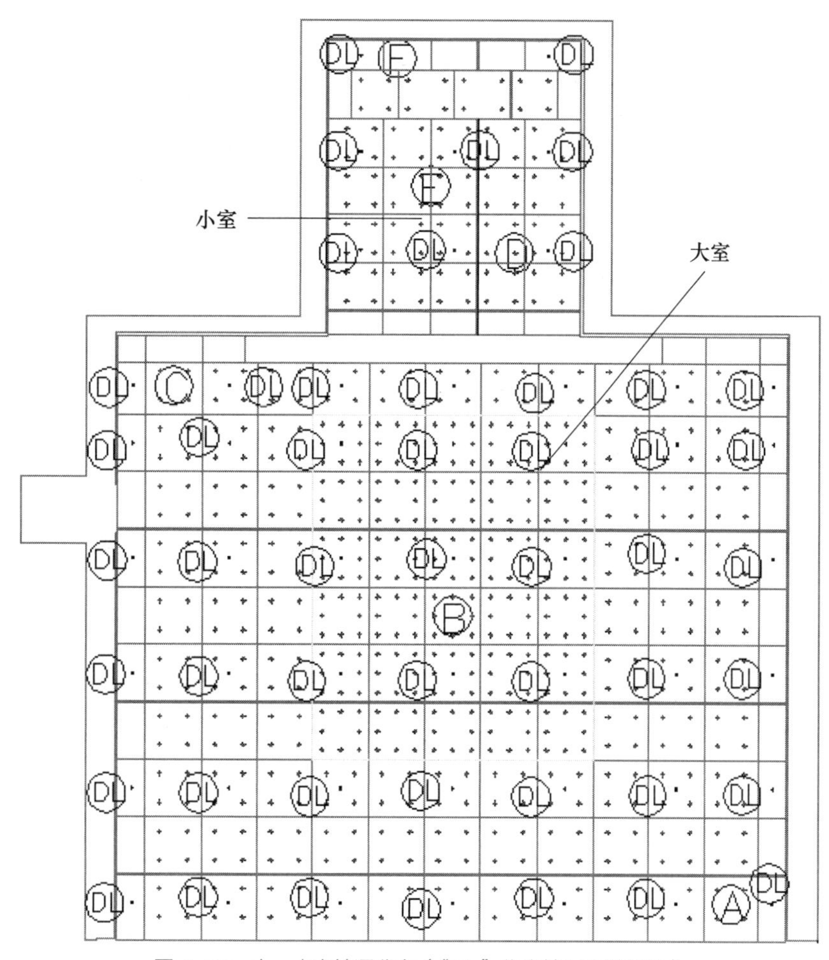

图 4-77　大、小室地漏分布（“DL”代表地漏安装位置）

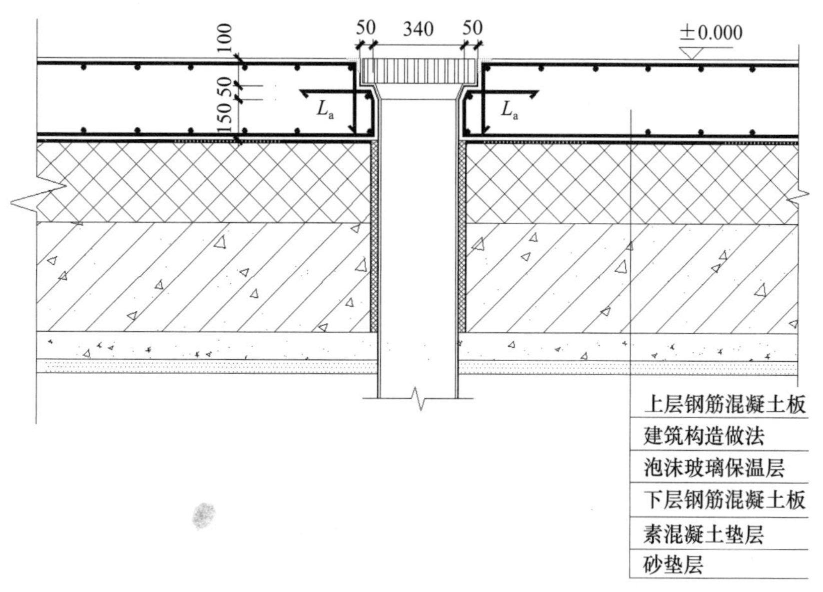

图 4-78　地漏口配筋安装图

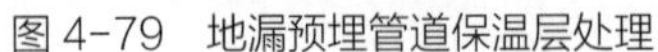

图 4-79　地漏预埋管道保温层处理

图 4-80　地漏外侧预埋套管直通地下室

图 4-81　地漏安装完成

4. 钢筋工程概述

地面全部由 209 个分仓结构组成，每个分仓之间的钢筋不互相连接，独立绑扎，绑扎量 162.3t。地面厚度为 250mm 的部分，钢筋为 ϕ10@150×150，双向双层分布，保护层厚度 30mm；地面厚度为 300mm 的部分，钢筋为 ϕ12@150×150，双向双层分布，保护层厚度 30mm。钢筋分布、上层钢筋配筋细部做法、钢筋构造布筋如图 4-82～图 4-84 所示。

地面钢筋隐蔽完成效果如图 4-85 所示。

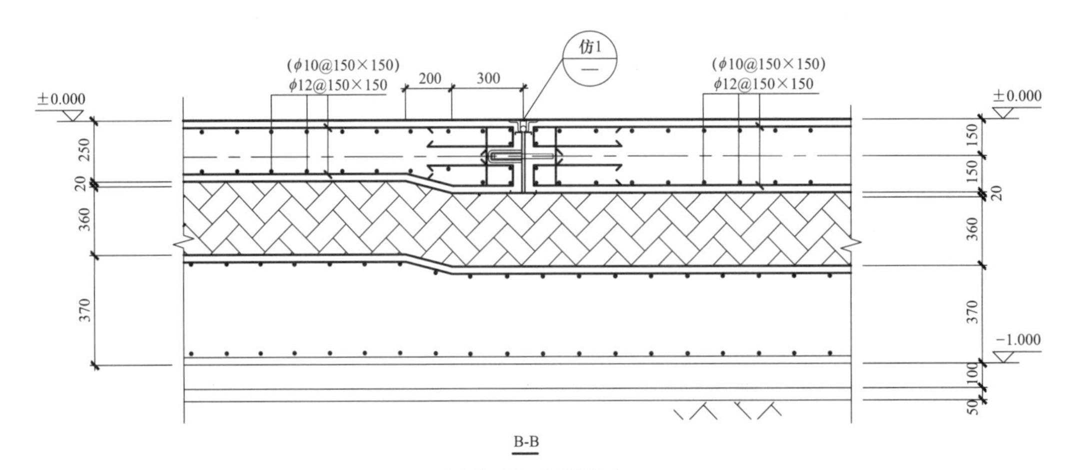

图 4-82　钢筋分布

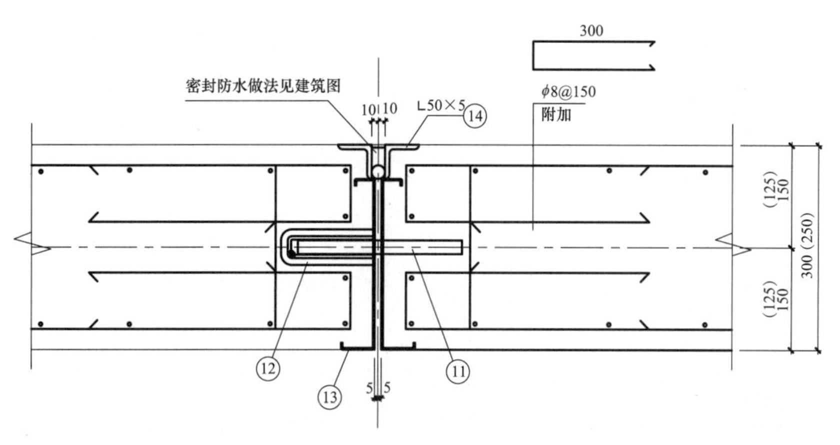

图 4-83　上层钢筋配筋细部做法

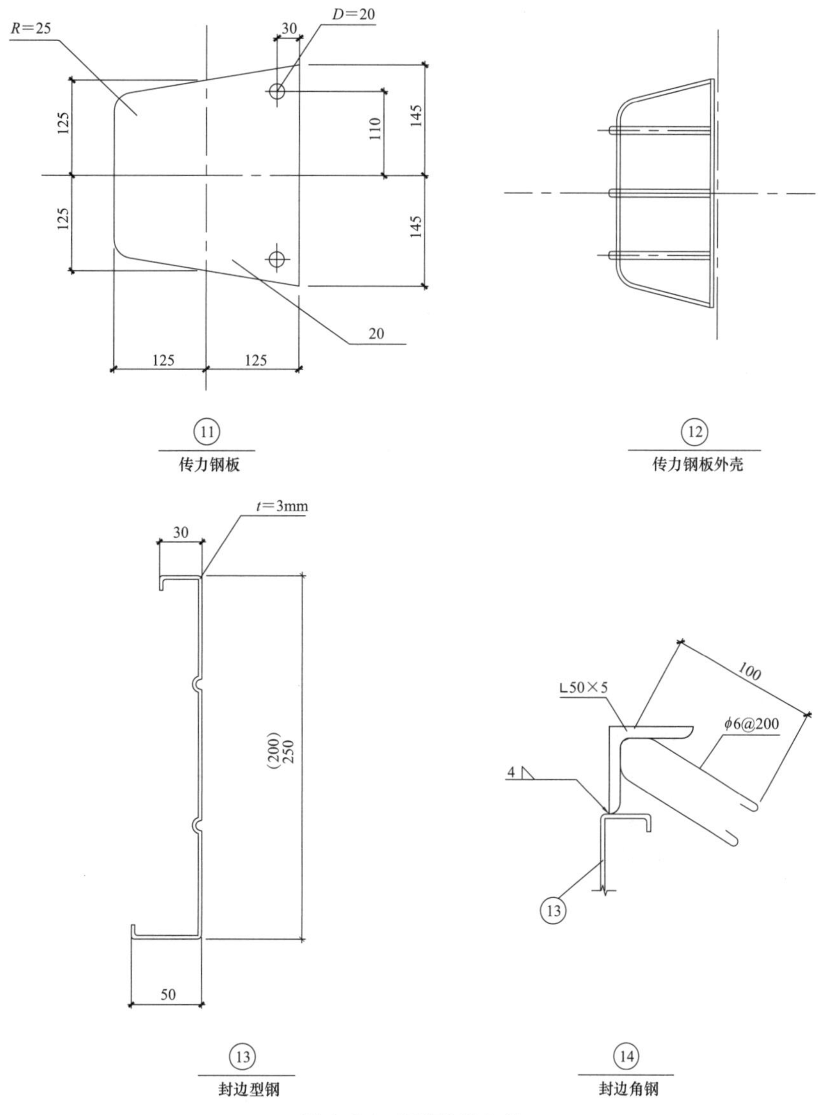

图 4-84　钢筋构造布筋

图 4-85 地面钢筋隐蔽完成效果

5. 传感线安装

大型全机气候环境实验室工程试验厂房地面预埋的传感线用于监控和获取整个地面系统在各种模拟环境下，以及冻胀过程中的温度变化数据（温度变化范围 -55～74℃），以保证整个地面系统性能的可控性。

传感线共计 6 套，每套 7 根，每根长 6m，其中下层地面 2 根，保温层 2 根，防潮隔汽层 1 根，上层地面 2 根，间距 150～170mm，水平放置。安装平面位置：小室西北角、中部和东南角，距地漏 1.5m 处；大室西北角、中部和东南角，距地漏 3m 处。每套分别通过地漏的侧壁向下进入地下室，后期安装传感器。传感线安装立面布置构造如图 4-86 所示。

传感线安装过程记录如图 4-87～图 4-93 所示。

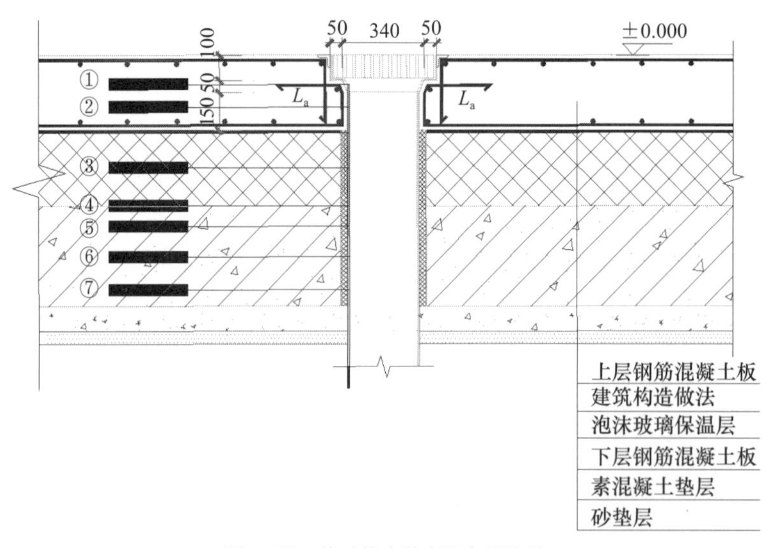

图 4-86 传感线安装立面布置构造

图 4-87　复核深度位置

图 4-88　放置

图 4-89　灌砂浆填充

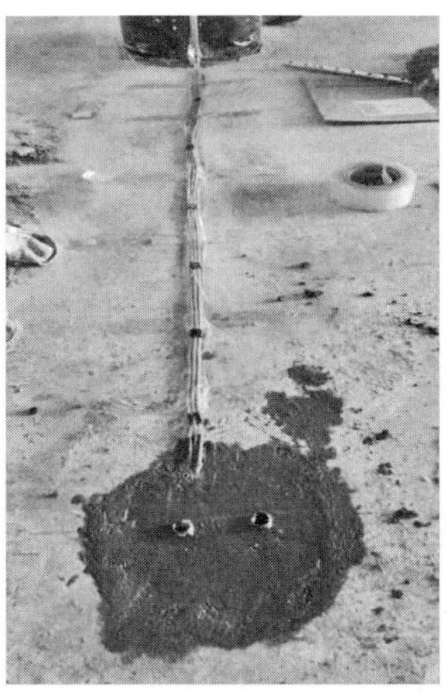

图 4-90　固定并保护线路，线路上覆盖硬纸板防沥青烫损

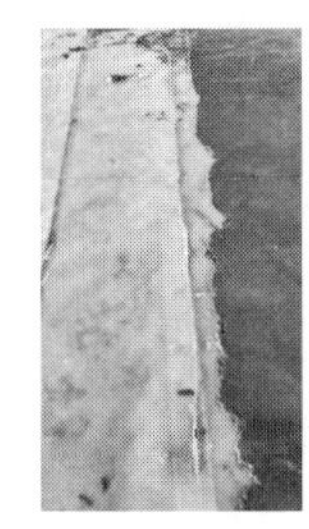

图4-91　防潮隔汽层放置

图 4-92　上层地面安装

图 4-93　传感线隐蔽于混凝土地面

第5章

高大空间“房中房”保温密封施工技术

5.1 设计概况

5.1.1 实验室保温密封设计

大型全机气候环境实验室对标国际最先进的美国麦金利气候实验室，主实验室为“房中房”结构，总容量 13 万 m^3。主实验室外部为钢网架、格构式钢柱结构、不锈钢岩棉夹芯板，内部为不锈钢单层聚氨酯夹芯板，总面积 12700m^2。实验室进行试验时，大门内侧为极端温度环境条件，最高温度 74℃，最低温度 -55℃，大门内外最大温差可达 90℃。因此，实验室大门的保温密封性直接影响着实验室的能耗和安全。

实验室的主厂房设有外部大门和中间门（图 5-1），洞口尺寸分别为 72m×22m 和 27m×24m，均为钢制电动推拉大门。大门结构为 700mm 厚，外板为 100mm 的聚氨酯复合板，内为 200mm 保温板，最终门体厚度为 1000mm。大门开启时叠合全开，关闭时线性对接。在与四周建筑相接处均设置硅胶气囊袋，实验时充氮气密封。

（a）实验室大门立面

（b）小室大门立面

图 5-1　实验室大门

1. 大门保温设计

当实验室在进行极端低温环境试验时，如果大门没有进行有效的保温设计，室内冷量将通过热传导从门体结构传导至门体外侧，当门体外表面温度低于外界露点温度时，大门外表面侧会出现大量凝露甚至结冰，不仅使得实验室能耗增加，而且给实验室的结构安全带来隐患。另外，大门保温设计须充分考虑门体配重，避免门体保温层比重过大，给大门轨道以及驱动机构的设计带来不利因素，增加设计难度和成本。

为保证实验室大门的保温性能，采用了保温性能、防潮与防水性较好的聚氨酯复合板作为大门的保温材料。为确保实验室大门在内外最大温差为 90℃的情况下（大门内侧温度为 -55℃，大门外侧温度 35℃），大门保温板外侧不出现凝露现象，通过分析计算，确定了实验室大门保温层厚度。该保温板室内侧表面为 0.5mm 厚的不锈钢材料，外侧表面为 0.6mm 厚的彩钢板，中间为聚氨酯保温芯材，每块保温板之间采用耐候胶进行防水及密封处理。距门体保温板外侧约 400mm 安装有 100mm 厚的岩棉外饰板，使得门体保温板外侧处于相对封闭的空间。

2. 大门密封设计

实验室大门面积巨大，可满足飞机等装备的进出。大门的门与门之间、门与地面之间以及门与墙体结构之间是门体结构的关键密封部位，同时也是实验室最大的冷 / 热量泄漏部位。为维持实验室内的微正压环境，实验室新风系统设计中 62% 的新风量用来补偿大门部位产生的泄漏。为解决高 / 低温环境下大门的密封问题，必须设计一种适用于超大型大门的密封结构，不仅在极端高温 / 低温环境下具有较好的密封性能，而且对大门的开关动作不会产生干涉。

大门关闭时的门体布局及门体密封结构的密封性是影响大门密封性能的关键因素，为解决实验室大门的密封问题，提出了变轨运行、单轨排布的门体布局设计，以及双重充气密封设计，不仅有效地解决了门与门之间、门与地面之间、门与墙体结构之间的密封问题，而且规避了密封结构与密封界面出现相互干涉的风险（图 5-2、图 5-3）。

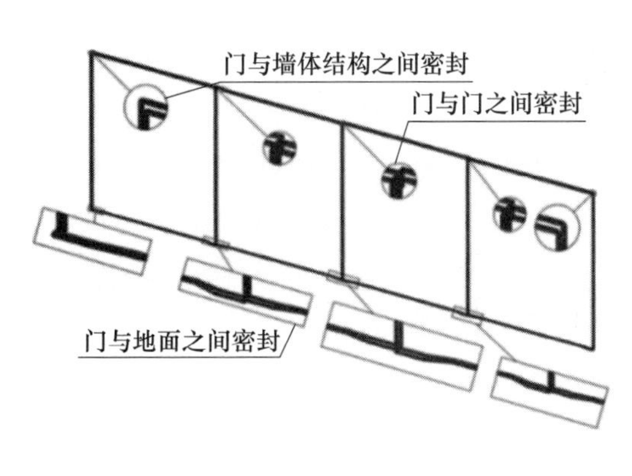

图 5-2　充气密封结构

图 5-3　密封结构充气密封

5.1.2　库板结构设计

库板内埋设钢骨架，有利于库板与厂房主体结构稳固连接并增强库板自身刚度。内侧不锈钢面板在加工夹芯板时，其叠合面经过特殊处理并粘贴增加叠合力的部件，以防使用过程中产生脱壳现象。室外侧拼缝部位采用专用气密涂料密封缝隙，以保证较好的气密性，并在涂层外设置金属保护盖板。库板内侧拼装板缝宽度控制在 8mm 左右，以保证内侧面板在温度发生变化时所产生的热胀冷缩变形量不超过板缝宽度的 50%，进而使室内侧密封胶的变形量满足产品技术要求。实验室平面图如图 5-4 所示。

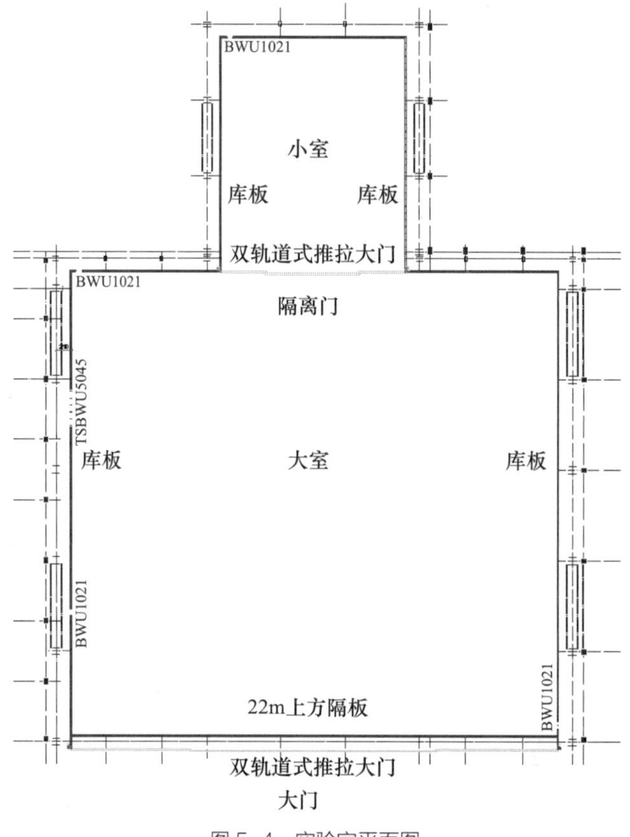

图 5-4 实验室平面图

5.2 高大空间“房中房”保温密封施工技术

5.2.1 技术参数

实验室外部为钢网架、格构式钢柱结构、不锈钢岩棉夹芯板，内部为 200mm 厚的不锈钢单层聚氨酯夹芯板（图 5-5）。

图 5-5 不锈钢单层聚氨酯夹芯板

1. 库板材料性能参数（表 5-1）

库板材料性能参数　　　　表 5-1

序号	指标名称	技术参数
1	板材厚度	200mm 厚 PIR 夹芯板 室外侧 0.53mm 镀铝锌 PVDF 涂层彩钢 室内侧 0.6mm 厚亚光不锈钢板
2	标准板宽度和长度	宽度≥ 1100mm 长度约 3300mm
3	芯材密度	> 42kg/m^3
4	抗压强度	≥ 150kPa
5	导热系数	≤ 0.024W/（m · k）
6	吸水性	≤ 4%
7	尺寸稳定性	≤ 1%（-30℃，48h）
8	平整度	≤ ±5mm
9	燃烧性能芯材	B1

PIR 材料特点：PIR 使用温度范围为 -96～130℃；PIR 泡沫孔细，导热系数比 PU 材料小，隔热性能好；PIR 泡沫稳定性好，成型板不易变形、胀裂；PIR 防火性能好，达到 B1 级，烟密度低。

2. 库板技术参数

（1）在库板芯层中间部位预埋金属骨架，在不产生冷桥、不破坏保温性能的前提下，使芯材与连接部件间产生了较好的叠合受力性能，使连接部位的集中应力得到了有效分散，优化了局部受力状态。采用非穿透连接件将库体保温板固定在墙梁结构上，减少了冷桥数量，避免局部连接处对内侧面板在温度变形时的约束，同时可以消除连接部位由于热胀冷缩对围护结构气密性的影响及对室内感官的影响。

（2）库板不锈钢侧面板在制造过程中采用了主动防脱壳处理，包括物理脱脂、拉花、硅烷偶联剂处理等，最大限度地降低了温度变形导致的物理脱壳现象。

（3）采用类似幕墙用的专用连接件，用于固定库体保温板，在限制其径向位移的同时给予其平面方向微量的变形活动量，以消除应力集中。

（4）室内侧拼装完后，板缝处经表面处理剂处理后，在其缝隙内填充硅酮耐候密封胶。

（5）板缝经过耐候硅酮胶密封处理后，室外侧拼缝部位采用专用气密涂料密封缝隙，以保证较好的气密性，并在涂层外设置金属保护盖板，盖板与面板间贴附有丁基胶带等。

（6）所有角部罩板内均设置金属衬板及三元乙丙橡胶隔汽材料，以确保连接部位的保温性能、断冷桥性能及气密性。

（7）所有穿越夹芯板的部件均经特殊设计及处理，在保证一定活动余量的前提下又保证了气密性能。

（8）聚氨酯隔热夹芯板供货运输状态下，两侧表面覆保护性质的塑料薄膜一道，材料为聚乙烯，粘结形式为上胶型保护膜。

（9）板与板的承插口拼装位置内侧粘贴一层聚氨酯软泡沫薄层材料，保证接触部位的密闭等。

（10）板与地面接触部位采用可调节支架系统固定壁板，允许调整壁板板底标高，确保板的安装尺寸精度，避免产生不均匀沉降现象。

（11）室内壁板与壁板、壁板与顶棚板连接部位设置45°角部罩板，避免产生90°阴角，改善转角部位受力状态等。

（12）穿越顶棚板的吊杆部位采用三元乙丙橡胶密封件进行气密处理。

（13）控制吊顶＋吊挂结构等的配重，使其在承受室内500Pa正压时相互抵消，维持吊杆受力状态，避免气密构造受到破坏。

5.2.2 施工要点

（1）为了缩短工期、保证质量，安装库板时首先将板运输至安装位置，如有板缝需先清理到位以确保安装质量。

（2）安装前须准备高空作业高位脚手架及特殊工具（吊车、大绳、板吊装固定架、滑轮等）。

（3）以上准备工作就绪后，开始安装，首先放置基准线，沿基准线将预先加工好的板底固定槽用膨胀螺栓固定。

（4）先从小室部分开始安装，先将库内一角作为基点，将立板搬运到位然后吊拉扶直，调整板的垂直、水平度，扶正后固定于梁上，固定好后，将相应一边的一张板用同样方法固定好；板块与板块之间长边采用承插接口，预留少量活动间隙，短边方向采用罩板、气密构造、现场灌注的连接方式，并充分考虑了板在长度方向变形的需要，进行了构造处理。板块与固定库板的结构间采用有一定转动角度的固定铰接构件与墙梁结构进行连接。

（5）库板安装过程中，要注意板与板之间的接缝，以及要对连接处进行相应的密封处理。侧板之间包角板要安装平整，接缝整齐，拉铆钉固定间距合理一致，固定用压板要等间距，成线成排，美观大方。

（6）包边、包角的安装：墙板、屋面板安装过程中，可穿插进行包角板的安装，注意保证水平及垂直度。

5.2.3　冷库库体（PIR 夹芯板）施工工艺

PIR 保温板，从剪板、折板、压筋、定型均采用专业流水线设备，PU 发泡采用德国克劳斯玛菲（Krassmaffei）连续高压密闭发泡系统，连续高压发泡设备具有 36m 长度的发泡成型段，通过恒定的模具加温能保证良好且充分的发泡，并能很好地保证板芯材的发泡均匀度及板表面的平整度。德国克劳斯玛菲（Krassmaffei）连续高压密闭发泡设备配备板材熟化凉板系统，能很好地保证板材内部出现二次发泡产生气鼓及烧心现象。聚氨酯原料选用"巴斯夫"优质黑白料调配。聚氨酯库板为阻燃型，消防指标达到 B1 级别。经此生产线生产的 PIR 保温隔热板的各项指标均超过国家规范验收值。

PIR 库板 200mm 厚度的标准模数为 1120 型，PIR 库板 120mm 厚度的标准模数为 1120 型，PU 库板 100mm 厚度的标准模数为 1120 型。

5.2.4　保温墙板施工工艺

1. 安装节点

工程保温墙板采用竖装方式，板材高度方向分段施工设计安装，为确保尺寸，立板和顶棚板均在做完三组后进行尺寸测量确认。相关构造做法如图 5-6～图 5-13 所示。

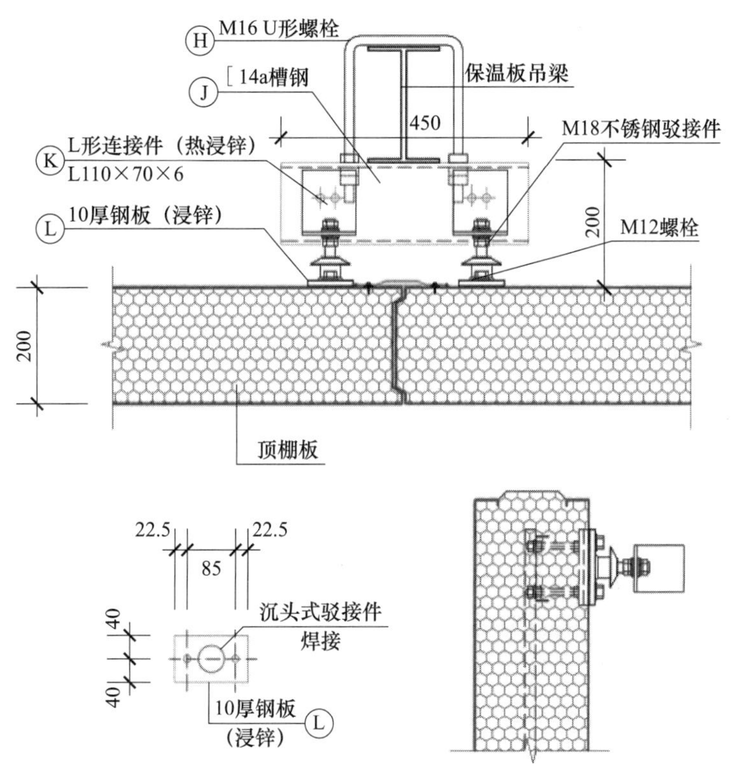

图 5-6　顶棚板吊点连接做法

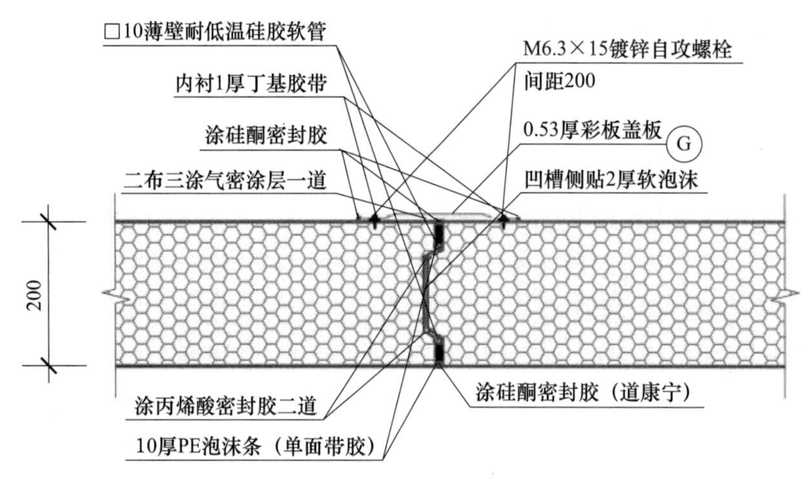

图 5-7 库板短边板缝连接做法

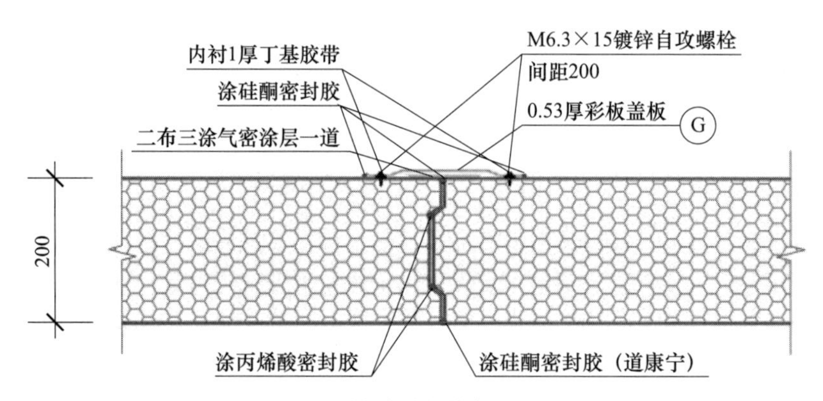

图 5-8 库板长边板缝连接做法

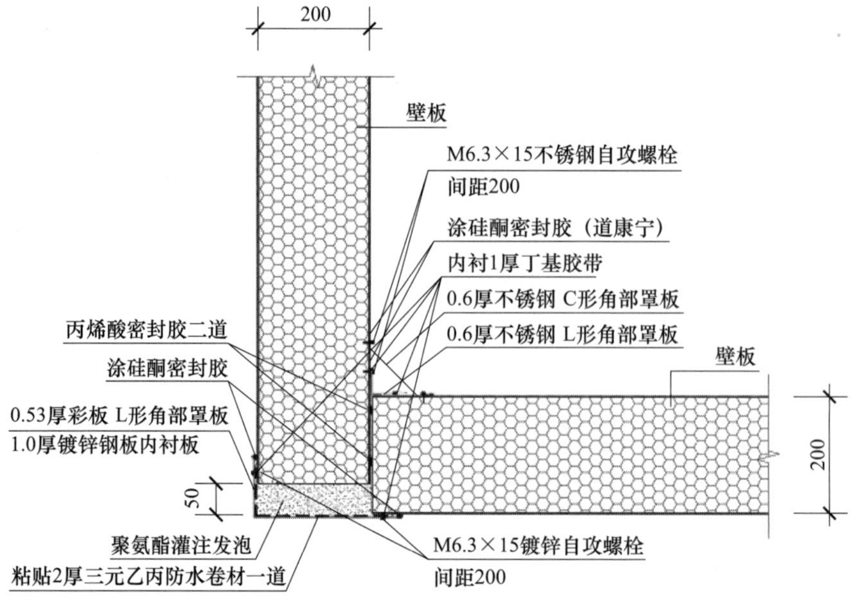

图 5-9 库板外转角连接做法

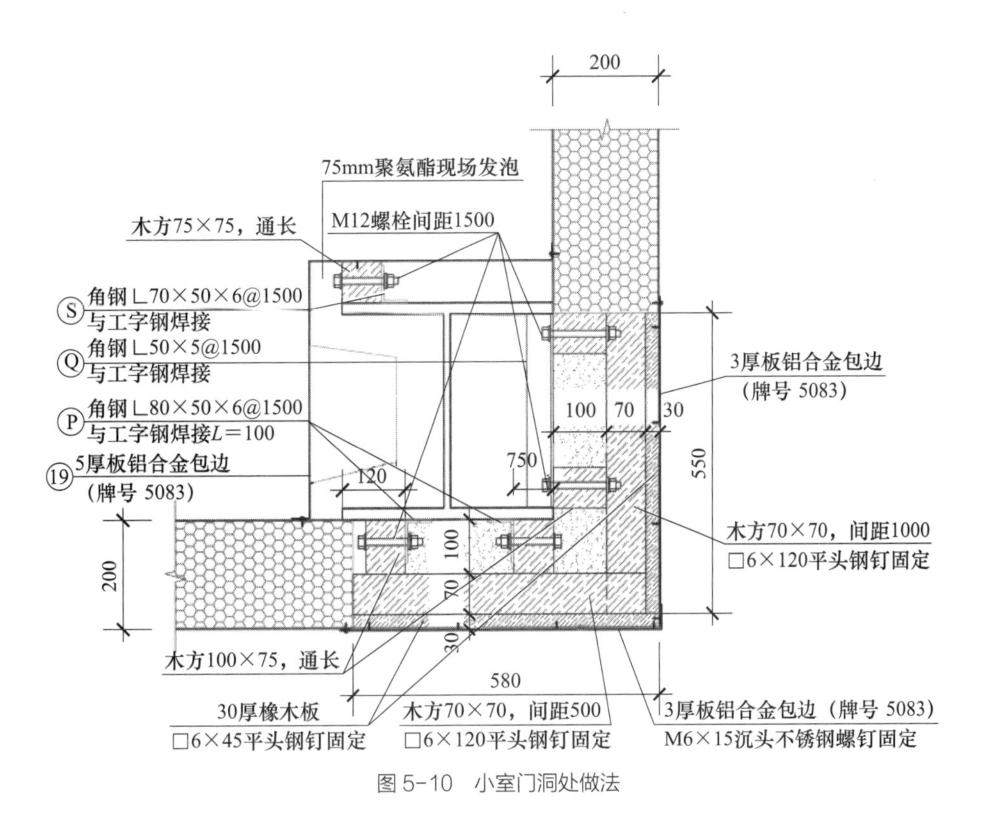

图 5-10　小室门洞处做法

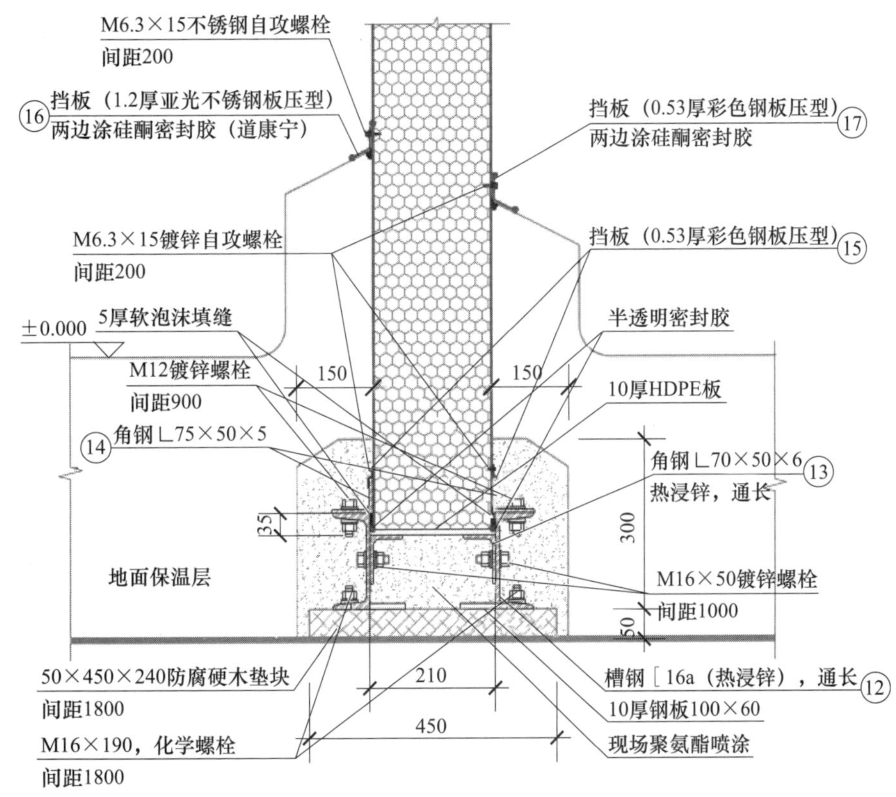

图 5-11　库板与地面连接做法

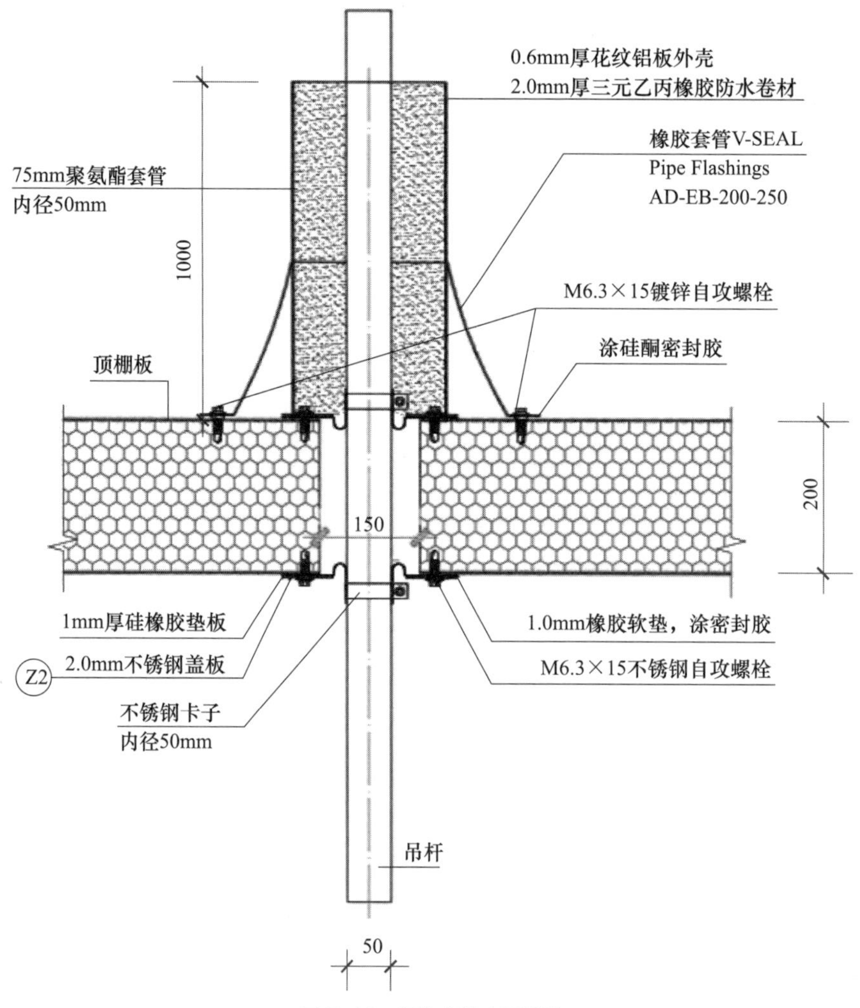

图 5-12 杆件穿越库板做法

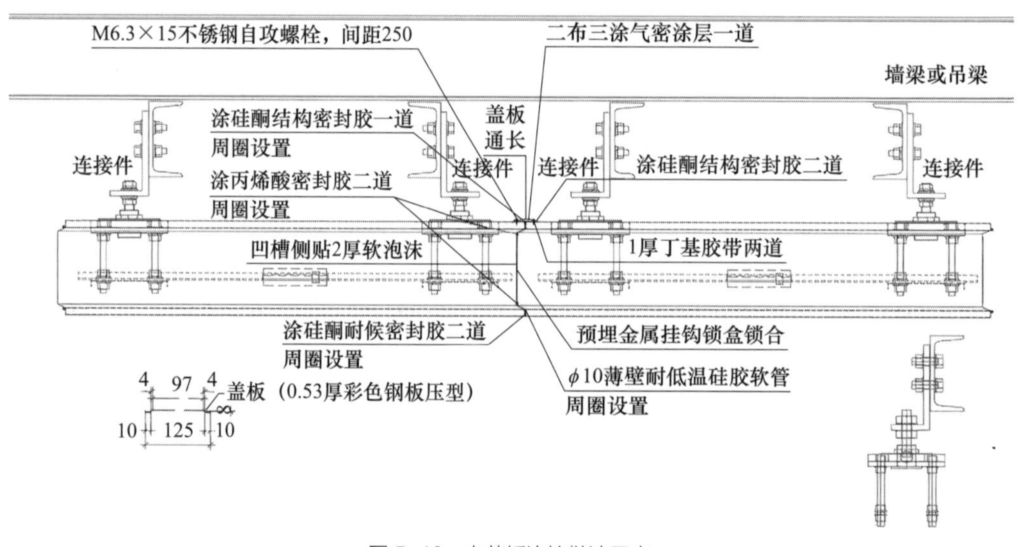

图 5-13 夹芯板连接做法示意

2. 安装工具及安装方式

项目冷库墙板高 25m，考虑施工的可行性及安全性，在施工过程中采用外加机械辅助安装形式，同时做好板材的保护及夹紧工作。

库板内侧固定人员工作环境采用云梯的方式（图 5-14），所有安装人员站在云梯上工作。云梯两侧分两段用链条连接在钢檩条或钢柱上。库板安装效果如图 5-15 所示。

图 5-14　库板安装搭设云梯

图 5-15　库板安装效果

3. 库板堆放要求

因为保温板材数量多，为防止板材因多次搬运产生损伤，建议保温板直接卸在施工区域。板材堆放原则是在确保板材安全的前提下，尽量将板材堆放于需要安装的位置的附近，尽可能地减少二次运输对板材的损坏。

堆放场地的要求：板材应临时堆放于坚固、平整的地面上，尽量把板材堆放在施工区域 3m 范围内；确保地面没有积水以及在遭遇雨雪等恶劣天气时地面不会积水；堆放场地应远离腐蚀性环境并确保不会受到其他工种施工的影响。

板材的堆放要求：板材箱体离开地面至少 150mm；板材箱体最多堆放两层并保证箱体木架支撑对齐；切勿将上层木箱的木架支撑直接置于下层板材的表面。每两箱体间应保留适当的空间以保证二次运输的通畅。

4. 保温墙板二次搬运

在不具备就近堆放保温板材的区域需要板材二次搬运，因聚氨酯保温夹芯板表面是极易损坏的，故工地现场的二次搬运很难采用机械设备，只能采用人工方式进行，库板搬运方式示意图如图 5-16 所示。

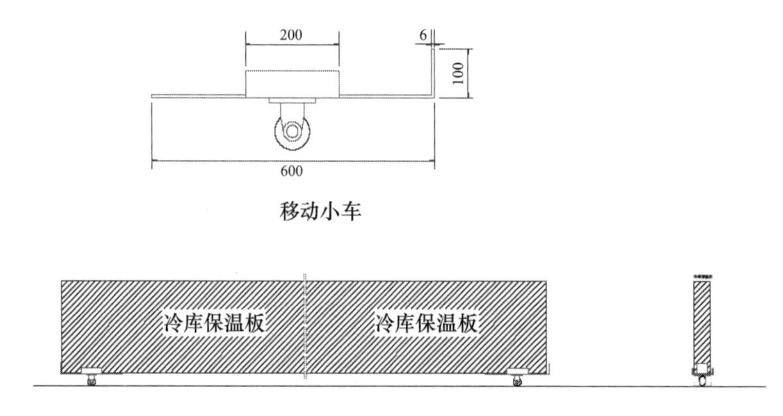

移动小车在定位槽内移动保温板到施工位

图 5-16　库板搬运示意图

5.3　巨型机库保温密封施工技术

5.3.1　工艺原理

机库大门施工采用装配式安装，大门钢结构构件全部在工厂预加工，现场采用装配式高强度螺栓连接，不仅环保还大幅提高了大门的加工和安装精度。强度设计根据当地地区气候条件，按照《建筑结构荷载规范》GB 50009—2012 的规定，考虑风荷载的体型系数、风压高度变化系数、风阵系数，同时考虑局部风压体型系数的影响，通过计算确定。要保证门体强度，钢度和稳定性能承受当地地区 50 年一遇的风荷载。

机库大门主要由上导轨、地轨、门体、保温板和电气系统组成（图 5-17）。因其存在上下导轨放线需由上至下进行定位等特点，所以在机库大门安装过程中需要先安装上导轨进行门体导向定位，再预留预埋安装下导轨为后期安装门体进行承重受力，最后吊装门体安装保温板。同时机库大门有电动开启功能的需求，安装保温板之前需要进行电气安装。总体来说，机库大门施工工艺流程为：上轨道施工→地轨施工→门体施工→门体吊装→试运行→内外饰板安装→密封安装→电气安装。

图 5-17　机库大门

5.3.2　上轨道施工技术

上轨道安装流程为：工件摆放→上导轨吊架与上轨道预拼装→上导轨吊装→上导轨与横梁连接→轨道调直及螺栓紧固（图 5-18）。

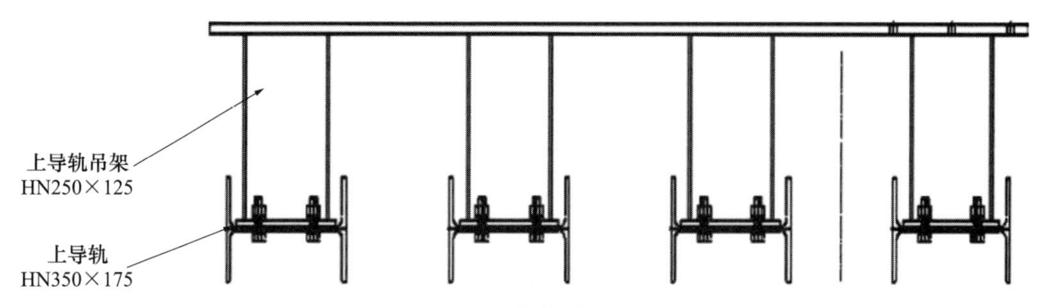

图 5-18　上轨道安装示意图

使用吊车将上导轨及轨道吊架摆放到门头横梁正下方，采用螺栓将其连接成拼装单元（12m 为一拼装单元）后，然后将每个拼装单元分别吊起至门头横梁处。门仓内采用两台捯链进行安装，平直段采用吊车进行安装。施工人员在大门上方将上轨道吊架与门头横梁通过螺栓进行连接。当所有上轨道吊装完成后，需要对其进行准确的校直和拧紧螺栓，并在监理工程师监督下进行高度的测量，以确保门头横梁安装准确，并将偏差控制在允许范围之内。

5.3.3　地轨施工技术

地轨施工流程为：地梁预留槽尺寸→施工放线→化学锚栓安装→调整槽钢安装→轨道安装→护坡角钢安装→轨道校正及复测→排水管安装（其他单位安装）→混凝土二次浇筑（土建单位负责）。

在安装底部轨道之前，应对门口尺寸的准确度进行测量和检查，以确保其符合图纸上要求的尺寸和偏差。以上导轨轴线位置为基准，依据图纸要求使用经纬仪进行地轨基础轴线放线。根据基准轴线确定各条轨道的位置，然后确定化学锚栓固定点进行打孔，化学锚栓安装前应将孔内清理干净。将底部轨道放置在轨道槽内。之后由施工人员对此部分进行连接，并校准基准线和基准面。装配工人将钻通安装螺栓的孔，从而确保其位置准确，用轨道压板将轨道固定在设计位置上，偏差为 3mm。经大门调试运行满足设计要求后将轨道与轨枕焊接牢固。

5.3.4 门体保温密封施工技术

1. 门体拼装

门体拼装流程为：杆件就位→螺栓预连接→行走轮安装→尺寸校正→高强度螺栓终紧校正→扣槽安装→外饰板安装→侧密封安装→门体预埋管线安装。

为保证大门制作和安装精度，大门钢结构主要采用工厂加工钢结构构件，现场采用高强度螺栓连接。每次拼装时，两扇大门前后布置。杆件利用25t吊车拼装，主横梁、主立柱的摆放支撑应不少于3点，采用钢支架支撑。根据框架水平度调整单扇门组成杆件的支撑块数量，局部高度不小于200mm，便于螺栓紧固施工。

根据现场情况确定拼装位置。拼装门扇间距不小于1.5m，在大门前端（地梁处）两侧应留有两台100t吊车的作业区域及通道。高强度螺栓的紧固应分为初拧、终拧两步。预扭矩扳手按照设计扭力数的一半停止并用油漆做标记，初拧、终拧时间在24h内完成达到设计数值用油漆做标记。初拧、终拧必须做好记录。

将门体构件进行拼装，同时测量找平、对角线，必须保证精度，严格按轴线、中心线、标高控制线和工艺图进行，对号入座。

扣槽密封装饰安装：覆层扣槽、铝材等材料施工使用适合的螺栓对外层材料和支撑檩条进行安装（自钻自攻螺栓）。中央的对头封接由带有铝材的橡胶密封构成，它安装在每个主门扇前部边缘的对接密封铝材上。使用自攻螺栓对铝材进行现场安装。

内外裙板安装重点：按照具体图纸进行安装。如有不明之处及时联系有关设计人员处理，在最短时间内将处理意见返回现场。先安装外裙板后内裙板，保证安装质量及外观质量。

2. 门体吊装

门体吊装流程为：吊车摆位→门扇平移就位→上导轮拆除→门扇吊装→吊具拆除→上导轮安装→防移措施。

在工作区进行升降操作，此工作应隔离进行，从而避免其他承包人接触。在升降工作开始前7d进行通知，施工前设置隔离区并安排专人警戒。此时要格外注意只有在门扇提升之后，安装在上导轨处的滑触线供电系统完成后，（外墙板施工单位）才能对顶部轨道的拱腹和托板的覆盖层进行安装。

采用两台100t吊车进行提升，一台25t吊车、一台5t叉车配合移动门体，吊装过程分为：左右站位→吊具安装→起吊（门扇一端离地观察门扇变形量）→两车同吊→25t吊车配合门体就位→拆卸吊具。

其中，门扇吊装顺序：在第一扇大门拼装位置吊装，再将第二扇大门移动到吊装位置吊装。单扇门扇吊装工序主要包括：吊车、第一门扇吊装检查就位→吊具绑扎→门扇起吊→三车同吊→落门→安装导向轮→拆除吊装吊具。

3. 保温板安装

保温板安装流程为：吊篮安装→保温板扣槽安装→保温板安装→打胶处理→密封安装。

保温板四周的相关扣槽（外饰扣槽）在大门吊装前已经安装完成（图 5-19），并随大门整体提升完毕。首先将保温板按照相应规格要求堆放到门扇附近，然后通过吊篮的升降从底至上依次将保温板逐块拼装至大门顶部，最上面的保温板将根据实际宽度进行切割。保温板采用钻尾自攻螺栓固定，固定点在板材顶端两板接口处，安装后门体表面不露明钉。

图 5-19　保温板安装

4. 大门密封

大门与建筑四周、大门中间对碰密封、相邻门扇板间密封都有充气密封，密封部位均有加热电缆，防止密封部分冷凝和结冰（图 5-20～图 5-25）。大门四周建筑与门扇有 0.5m 的搭接量。搭接位置设置双道充气密封，保证密封的严密性和保温要求。系统温度可根据环境温度设定，气温较低可适当提高温度。当低于设定温度时，加热系统自动启动，达到设定温度时加热自动停止。密封安装在门扇上，每扇门上有两道连续密封，保证橡胶密封没有接缝，保证密封效果。密封橡胶采用进口原材料的硅橡胶，可保证在工作温度（-60～150℃）下正常使用。

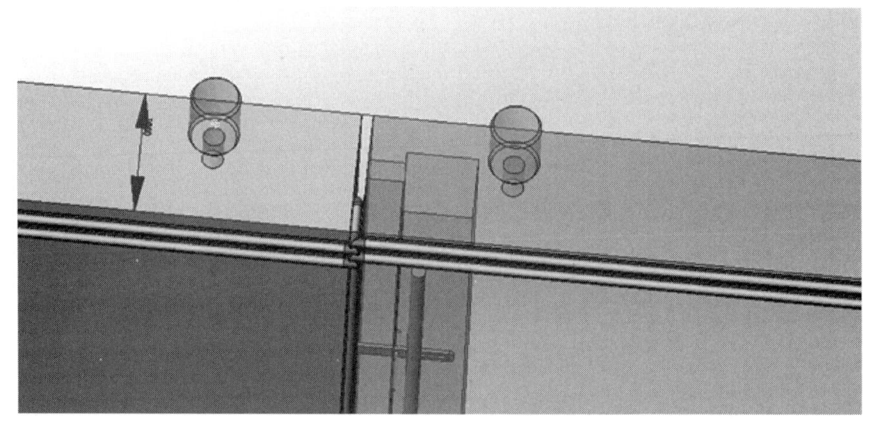

图 5-20　中间门扇上部与建筑密封

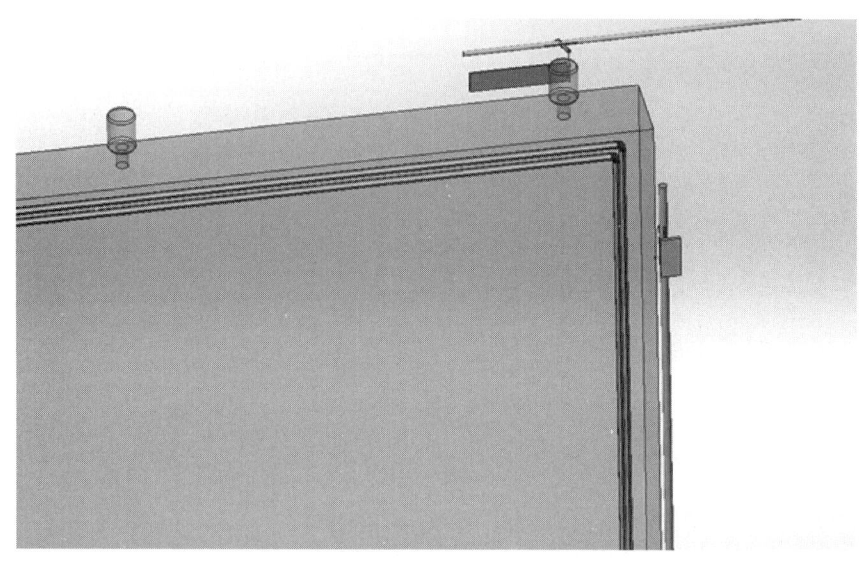

图 5-21　边门扇与建筑洞口上部和立面密封

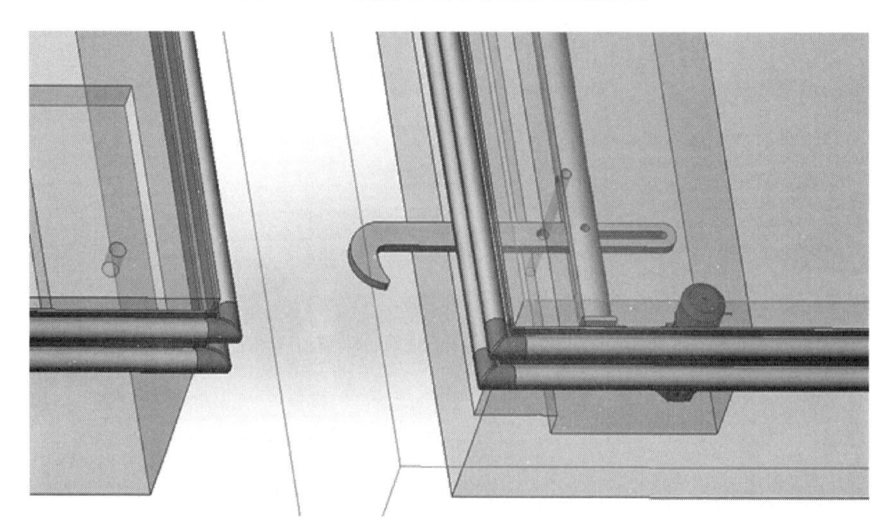

图 5-22　中间门扇底密封和中间密封

图5-23　门扇之间上部密封打开

图5-24　门扇之间上部密封关闭

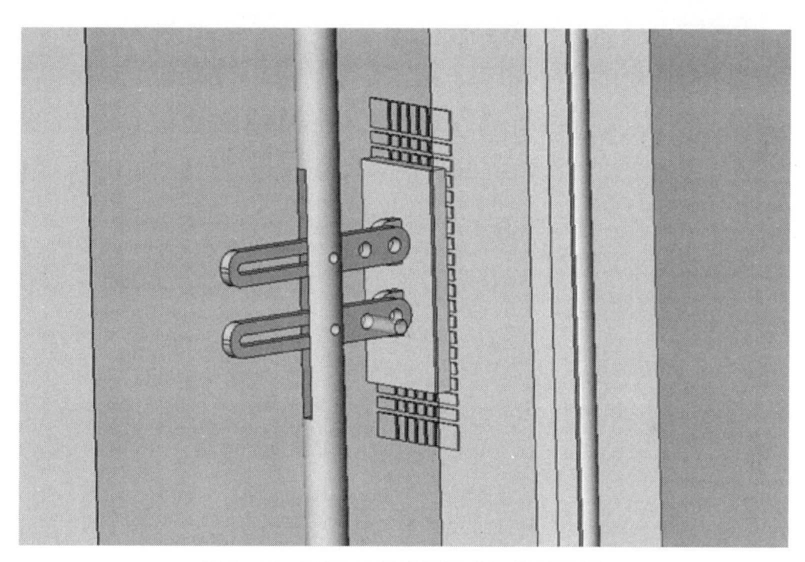
图5-25　门扇与建筑之间采用电磁拉接结构

大门完全关闭后，大门与建筑之间双道封闭环形密封，密封胶皮与门扇严密接触，充气密封压力为0.5kN/m。22m高门扇钢结构不能抵抗变形，门扇与建筑之间，门扇与门扇之间必须采用机械拉接结构，保证压力和密封间隙。保证整体密封。充气密封的压力可保证试验产生±500Pa压差时，可靠密封。大门门口冷库板，平面度满足安装充气密封要求，并能承受充气密封带来的压力。

厂房内部温度范围-55～74℃，为保证室内保温要求，大门门扇内侧需采用冷库板并且四周建筑与门扇留有0.5m的搭接量。大门门扇内侧需采用冷库板以满足保温要求，72m大门从里向外分别为200mm聚氨酯冷库板，外侧为100mm岩棉夹芯板。外侧100mm厚岩棉夹芯面板为插接口，外表没有明钉，保证大门整体外观效果。27m中间门从里向外分别为200mm聚氨酯冷库板、200mm聚氨酯夹芯板。200mm厚聚氨酯冷库板内表面采用0.6mm的304不锈钢板，保证材料在各种实验条件下的适应性。实验环境温差为130℃，为适应材料的热膨胀和保证保温板的整体安装可靠，冷库板单块长度不超过4m。冷库板需要做到冷桥阻断和气桥阻断。所有室外侧板缝部位均采用专用气密三元乙丙橡胶和保护罩板以进一步保证实验室围护结构的气密性。

5.3.5 电气施工

电气系统安装流程为：电机安装（防止大门移动）→滑触线安装→检修门、人行小门施工→电机固定及调整→电气管线安装→电箱及附件安装→电气接线及调试→密封试验。

电气系统是为了满足机库大门电动闭合开启和消防联动的要求。当所有门扇均提升到各自的洞口之后，电气系统才开始安装。外壳为PVC（聚氯乙烯）组件，安装固定在顶部轨道结构上，用滑动挂钩来承担其重量。在外壳安装结束，所有连接部分正确连接之后，将连续的铜带逐个牵引至各自槽内，之后将双橡胶密封件推进到图纸指定位置。在厂房大门试运行前，准备好正式电源对大门的导电系统进行供电。在厂房大门的整个试运行期间，大门专业工程师需要全程监测并对大门运行的速度、安全探测距离、消防联动的反应等数据进行记录，从而更好地确定厂房大门移动控制极限等参数。

参考文献

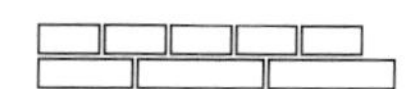

[1] 任战鹏，吴敬涛，吴学敏. 气候环境实验室超大型门体结构保温与密封设计[J]. 山西建筑，2019，45（10）：46-48.

[2] 陈宇. 机库大门在A330项目的应用[J]. 科技与创新，2016，71（23）：82-83.

[3] 纪晓鹏，阮敏敏，吴喜元，等. 机库大门施工技术研究与应用[J]. 建筑技术开发，2019（20）：46-48.

[4] 唐虎，李喜明. 飞机气候试验[J]. 装备环境工程，2012，9（1）：60-65.

[5] 张昭，唐虎，成竹. 军用飞机实验室气候环境试验项目分析[J]. 装备环境工程，2017，14（10）：87-91.

[6] 中华人民共和国住房和城乡建设部. 冷库设计标准：GB 50072—2021[S]. 北京：中国计划出版社，2010.

[7] 中华人民共和国住房和城乡建设部. 钢结构工程施工质量验收标准：GB 50205—2020[S]. 北京：中国计划出版社，2020.

[8] 郗伯雅. 埃格林空军基地的麦金利气候实验室简介[J]. 国外导弹技术，1983（2）：76-80.

[9] 白若水. 麦金利：世界气候实验室老大[J]. 大飞机，2017，34（4）：81-82.

[10] 裴永忠. 气候环境实验室复杂地坪结构的计算分析[J]. 建筑结构，2019，49（S1）：264-267.

[11] 马健，孙振红. 气候环境试验技术进展及其应用探讨[J]. 资源节约与环保，2019，212（7）：34.

[12] 气候试验室地坪钢筋混凝土冻融试验报告[R]. 西安：西安建筑科技大学，中国飞机强度研究所，2016.

[13] 大型全机气候实验室项目工程设计说明[Z]. 北京：中国航空规划设计研究总院有限公司，2015.

[14] 大型全机气候实验室项目大门库板技术革新方案[Z]. 西安：中国飞机强度研究所，2016.

[15] 气候环境实验室项目介绍[Z]. 西安：中国飞机强度研究所，2018.

[16] 气候环境实验室建设项目工作进展汇报[Z]. 西安：中国飞机强度研究所，2018.

[17] 大型全机气候实验室项目大门工程电气安装施工方案[Z]. 沈阳：沈阳宝通门业有限公司，2017.

[18]大型全机气候实验室项目厂房保温工程施工组织设计 [Z]. 大连：大连冰山集团工程有限公司，2017.

[19]大型全机气候实验室项目质量控制资料 [Z]. 西安：西安市阎良区永固混凝土搅拌工程有限公司，2017.

[20]大型全机气候实验室项目大厅内环境钢结构及吊挂工程施工组织设计 [Z]. 西安：陕西建工机械施工集团有限公司，2016.

后记

2015 年 5 月，大型全机气候环境实验室破土动工，我有幸来到现场，见证这一历史性的时刻。虽然整个项目体量仅 21295m^2，但是正应了那句“凡是浓缩的都是精华”，其科技含金量高，施工难度大。因此，陕西建工集团工程七部派出了一支优秀的项目管理团队。他们吃苦耐劳，年轻拼搏，勇敢创新；他们深知行之力则知愈进，知之深则行愈达，直面挑战，主动作为。特别是在大跨度钢结构、实验室地坪系统等关键部位的施工中，不仅展现了陕建人“召之即来、来之能战、战之必胜”的铁军风范，更是在科技创新方面不断挑战，勇于突破，展现了“出手必须出彩，完成必须完美”的工匠精神。

大型全机气候环境实验室的建成虽然困难重重，但是看到它全面落成并顺利投入使用也令我们倍感骄傲和自豪，这样一个具有特殊性和唯一性的标志建筑，它的建设经验绝不能仅仅只停留于陕建集团，我们必须将建设过程中的种种科技创新成果和施工管理经验加以总结提炼并推广。因此，我们开始了《大型全机气候环境实验室关键建造技术》一书的编著工作。

本书的编著工作得到了陕西建工控股集团有限公司党委常委、副总经理刘明生同志和陕西建工集团股份有限公司总工程师、科技创新部经理时炜同志的鼎力支持和帮助。刘东和杨水利同志任主编，李蒙、蔡俊、刘凯、李娜等十余位同志参与了本书的总结编写工作，编写过程中还得到了王佳佳、高强等同志的通力协作。此外，著者还参考了国内外类似项目以及各方责任主体关于本项目建设的相关文献资料，在此，对于各位领导、专家和业界同仁的辛苦付出表示由衷的感谢和敬意！

由于大型全机气候环境实验室工程的特殊性，项目建设所涉及的工艺系统未能全部展示，还望各位读者见谅，希望能以此书作为引子，激励广大建筑从业者和相关读者不断创新，敢于挑战，为行业高质量发展而再立新功！